Sofiane Maiz

L'étude des connectivités fonctionnelles dans la maladie d'Alzheimer

Sofiane Maiz

L'étude des connectivités fonctionnelles dans la maladie d'Alzheimer

La maladie d'Alzheimer: réseaux fonctionnels cérébraux et connectivités

Presses Académiques Francophones

Impressum / Mentions légales

Bibliografische Information der Deutschen Nationalbibliothek: Die Deutsche Nationalbibliothek verzeichnet diese Publikation in der Deutschen Nationalbibliografie; detaillierte bibliografische Daten sind im Internet über http://dnb.d-nb.de abrufbar.

Alle in diesem Buch genannten Marken und Produktnamen unterliegen warenzeichen-, marken- oder patentrechtlichem Schutz bzw. sind Warenzeichen oder eingetragene Warenzeichen der jeweiligen Inhaber. Die Wiedergabe von Marken, Produktnamen, Gebrauchsnamen, Handelsnamen, Warenbezeichnungen u.s.w. in diesem Werk berechtigt auch ohne besondere Kennzeichnung nicht zu der Annahme, dass solche Namen im Sinne der Warenzeichen- und Markenschutzgesetzgebung als frei zu betrachten wären und daher von jedermann benutzt werden dürften.

Information bibliographique publiée par la Deutsche Nationalbibliothek: La Deutsche Nationalbibliothek inscrit cette publication à la Deutsche Nationalbibliografie; des données bibliographiques détaillées sont disponibles sur internet à l'adresse http://dnb.d-nb.de.

Toutes marques et noms de produits mentionnés dans ce livre demeurent sous la protection des marques, des marques déposées et des brevets, et sont des marques ou des marques déposées de leurs détenteurs respectifs. L'utilisation des marques, noms de produits, noms communs, noms commerciaux, descriptions de produits, etc, même sans qu'ils soient mentionnés de façon particulière dans ce livre ne signifie en aucune façon que ces noms peuvent être utilisés sans restriction à l'égard de la législation pour la protection des marques et des marques déposées et pourraient donc être utilisés par quiconque.

Coverbild / Photo de couverture: www.ingimage.com

Verlag / Editeur:
Presses Académiques Francophones
ist ein Imprint der / est une marque déposée de
OmniScriptum GmbH & Co. KG
Heinrich-Böcking-Str. 6-8, 66121 Saarbrücken, Deutschland / Allemagne
Email: info@presses-academiques.com

Herstellung: siehe letzte Seite /
Impression: voir la dernière page
ISBN: 978-3-8381-4242-5

Copyright / Droit d'auteur © 2014 OmniScriptum GmbH & Co. KG
Alle Rechte vorbehalten. / Tous droits réservés. Saarbrücken 2014

Préface

La maladie d'Alzheimer (MA) affecte actuellement près d'un million de personnes en France et constitue une priorité de santé publique. La maladie se manifeste cliniquement après que le processus neurodégénératif ait déjà entraîné des dommages importants dans le cerveau. Avec le développement de nouveaux traitements, il est essentiel de pouvoir dépister cette maladie de façon plus précoce et plus fiable. La neuroimagerie offre des possibilités inédites pour étudier in vivo les altérations structurelles et métaboliques associées à la maladie d'Alzheimer.

Une des thématiques les plus récentes dans la recherche en Imagerie par Résonance Magnétique fonctionnelle (IRMf) est le développement de méthodes pour l'étude des réseaux fonctionnels du cerveau. S'il existe désormais une cartographie relativement précise du cerveau permettant de localiser certaines aires ayant des fonctions bien particulières (les aires visuelles ou motrices par exemple), la façon dont ces régions interagissent entre elles pour former ce qu'on appelle des réseaux fonctionnels est encore sujette à de nombreuses interrogations.

Le but de ce travail de recherche est l'étude des réseaux fonctionnels chez des sujets sains, et chez des patients atteints de la maladie d'Alzheimer (MA) afin de développer des outils de connectivité fonctionnelle (paramètres, bio-marqueurs) qui pourraient permettre de discriminer les sujets sains des sujets MA, et qui pourront être par ailleurs comparés à des paramètres utilisés plus classiquement pour le diagnostic de MA, tels que l'hypométabolisme du cortex associatif postérieur observé en Tomographie d'Emission Monophotonique (TEP) ou l'atrophie hippocampique observée en IRM morphologique.

Remerciements

Je tiens à remercier tous les membres de l'équipe du laboratoire d'imagerie fonctionnelle de l'université de Pierre et Marie-Curie pour leur chaleureux accueil et de m'avoir donné l'opportunité de réaliser ce travail de recherche. Aussi, j'adresse mes remerciements les plus profonds à toute ma famille qui m'a toujours été d'un grand soutien.

Table des matières

1 Introduction   **6**
    1.1 L'imagerie par résonance magnétique fonctionnelle (IRMf)   6
       1.1.1 Origine du signal d'IRM   6
       1.1.2 Formation de l'image   7
       1.1.3 Mesure de l'hémodynamique cérébrale   8
    1.2 Le lien entre l'activité neuronale et le signal BOLD   9
       1.2.1 Corrélation entre le signal BOLD et l'activité neuronale . . .   9
       1.2.2 Modèles du couplage neurovasculaire   10
    1.3 Propriétés des données IRMf   11
       1.3.1 Résolution temporelle et résolution spatiale   12
       1.3.2 Propriétés statistiques du signal BOLD   13

2 L'étude des réseaux fonctionnels en IRMf   **14**
    2.1 La ségrégation fonctionnelle   14
    2.2 L'intégration fonctionnelle   15
    2.3 La connectivité fonctionnelle   16

3 L'IRMf au repos dans la maladie d'Alzheimer et le Réseau du Mode par Défaut (RMD)   **16**
    3.1 Physiologie, anatomie et rôle du RMD   17
    3.2 L'activité cérébrale au repos au cours du vieillissement   19
    3.3 L'activité cérébrale au repos et la maladie d'Alzheimer   19

4 Matériels et méthodes   **21**
    4.1 Sujets   21
    4.2 Acquisition des données   22
    4.3 Prétraitements des données d'IRMf   23
       4.3.1 Correction du décalage temporel d'acquisition entre les coupes fonctionnelles   23
       4.3.2 Réalignement des images fonctionnelles   23
       4.3.3 Lissage spatial   24

- 4.4 Identification des réseaux fonctionnels à large échelle par Analyse en composantes Indépendantes(ACI)-NEDICA 24
  - 4.4.1 Analyse en composantes indépendantes spatiales à l'échelle individuelle 25
  - 4.4.2 Seuillage des composantes spatiales 27
  - 4.4.3 Pré-selection des composantes 27
  - 4.4.4 Classification hiérarchique 28
  - 4.4.5 Choix des classes d'intérêt 28
- 4.5 Mesure des interactions 29
  - 4.5.1 Sélection des régions d'intérêt 29
  - 4.5.2 La corrélation 30
  - 4.5.3 L'intégration 32
  - 4.5.4 L'inférence 33
  - 4.5.5 Seuillage des matrices de corrélations 34
  - 4.5.6 Différences entre les groupes 34
  - 4.5.7 L'évidence 35
- 4.6 Calcul de l'intégration totale à l'échelle individuelle 35
- 4.7 Modèle de graphes 36
  - 4.7.1 Mesure des indices de graphes 37

5 Résultats   39

- 5.1 Etude 1 : l'effet du vieillissement normal sur les connectivités fonctionnelles au sein du RMD 39
  - 5.1.1 Les régions d'intérêts 39
  - 5.1.2 Les systèmes (sous-réseaux) 39
  - 5.1.3 Les matrices de corrélations 40
  - 5.1.4 Les matrices de probabilités 42
- 5.2 L'intégration 43
  - 5.2.1 L'intégration totale 43
  - 5.2.2 Les intégrations inter systemes/intra systemes 44
- 5.3 Les indices de graphes 46
- 5.4 Etude 2 : l'effet de la maladie d'Alzheimer sur les connectivités fonctionnelles au sein du RMD 49
  - 5.4.1 Les régions d'intérêts 49

	5.4.2	Les systèmes (sous-réseaux)	49
	5.4.3	Les matrices de corrélations	50
	5.4.4	Les matrices de probabilités	50
5.5	L'intégration		53
	5.5.1	L'intégration totale	53
	5.5.2	Les intégrations inter systèmes/intra systèmes	53
	5.5.3	Les intégration totales du RMD à l'échelle individuelle	55
5.6	Les indices de graphes		56
	5.6.1	Les indices de graphes au niveau de la région du PCC/Précuneus	58

6 Discussion — 60

6.1	Méthode		60
	6.1.1	Choix des prétraitements	60
	6.1.2	L'analyse en composantes indépendantes et régions d'intérêts	60
	6.1.3	Intégration et corrélation	61
	6.1.4	Théorie des graphes	61
6.2	Résultats		61
	6.2.1	Le vieillissement normal	61
	6.2.2	La maladie d'Alzheimer	63
	6.2.3	La connectivité fonctionnelle des Hippocampes	64

7 Conclusion — 66

1 Introduction

1.1 L'imagerie par résonance magnétique fonctionnelle (IRMf)

1.1.1 Origine du signal d'IRM

L'imagerie par résonance magnétique (IRM) repose sur le principe de résonance magnétique nucléaire (RMN). La RMN se caractérise par l'absorption, par les noyaux de certains atomes, d'une quantité d'énergie délivrée sous forme d'une onde électromagnétique spécifique. Cette absorption d'énergie met ces noyaux d'un état stable fondamental à un état instable de plus forte énergie. Le processus de retour des noyaux à leur état initial est caractéristique du noyau et de son environnement local. Ce sont ces propriétés magnétiques locales qui permettent de créer des contrastes et, donc, de former des images en IRM. Chaque particule peut être caractérisée par son spin, qui est une propriété quantique pouvant être interprétée comme le moment cinétique intrinsèque de cette particule. Le corps humain étant composé de 80% d'eau, l'IRM s'intéresse aux atomes d'hydrogène. Ces atomes possèdent un spin nucléaire non nul, ce qui leur permet d'être sensibles à un champ magnétique extérieur.

Une expérience d'IRM peut se décomposer en 3 étapes :

1. Magnétisation des spins : l'ensemble des spins des protons du corps humain sont placés dans un fort champ magnétique statique B_0 (de l'ordre de 1 à 3 teslas), ce qui a pour effet de les aligner suivant la direction du champ (longitudinal).

2. Perturbation : cet ensemble de spins orienté est ensuite soumis à un champs magnétique oscillant B_1, créé par une impulsion radio-fréquence qui a pour effet de perturber l'équilibre en faisant basculer les spins vers le plan perpendiculaire à la direction de B_0 (plan transversal). Ce phénomène ne peut avoir lieu si la fréquence d'oscillation de B_1 est égale à ν_0, dite de Larmor, dépendant de l'amplitude du champ statique B_0 et du rapport gyromagnétique γ caractéristique du noyau (pour le noyau d'hydrogène $\gamma = 42,58 Mhz/Tesla$:

$$\nu_0 = \frac{\gamma}{2\pi}\|B_0\|$$

C'est le phénomène de résonance magnétique.

3. Retour à l'équilibre : À l'arrêt de l'excitation radio-fréquence B_1, les spins reviennent à leur position longitudinale. Ces mouvements créent une onde élec-

tromagnétique induisant un courant électrique dans une antenne de réception. Ce signal induit est le signal d'IRM, dont certaines caractéristiques permettent de constater des différents tissus cérébraux. En effet, la dynamique du retour à l'équilibre (repousse longitudinale de l'aimantation ou la perte d'aimantation transversale) dépend des propriétés physiques locales des tissu. Cette dynamique peut être caractérisée par deux constantes de temps $T1$ et $T2$, correspondant respectivement à la repousse de l'aimantation longitudinale et à la perte d'aimantation transversale.

1.1.2 Formation de l'image

Pour former une image, il est nécessaire de différencier les spins qui participent à la création du signal d'IRM pour les localiser. En effet, étant plongé dans un champ statique constant, ils sont tous à la même fréquence et sont, par conséquent, tous excités par l'impulsion radio-fréquence et donc indistinguables. L'idée qui est mise en oeuvre au cours d'une acquisition d'IRM pour échantillonner l'espace, est l'application de gradient de champ magnétique dans les trois directions de l'espace. Ces gradients de champ ont pour effet de modifier localement les fréquences de précession des spins, ce qui permet d'exciter de manière sélective les spins d'un petit élément de volume et, donc, de ne recueillir que le signal produit par ceux-ci. Cette opération est répétée de manière à imager l'ensemble du cerveau.

Donc, une acquisition d'IRM consiste en la répétition d'étapes successives que sont l'excitation radio-fréquence pour perturber l'équilibre des spins, et l'application de gradients de champ magnétique pour la localisation et la lecture du signal. Comme on l'a vu précédemment, le signal d'IRM mesuré dépend des temps de relaxation $T1$ et $T2$. Il est donc possible de constater différents types de tissus avec le signal d'IRM, soit en $T1$ soit en $T2$. Pour accéder à ces contrastes, il est possible de concevoir des séquences d'acquisition spécifiques contrôlant la chronologie des différentes étapes. Cette chronologie est en particulier caractérisée par le temps de répétition (TR) et le temps d'écho (TE) c'est à dire, respectivement, l'intervalle de temps entre deux excitations de radio-fréquence sélectives (basculement de l'aimantation), et l'intervalle de temps entre une excitation de radio-fréquence sélective et la lecture du signal. Ainsi, en faisant varier TR et TE, il est possible d'obtenir des images dites pondérées en $T1$ ou en $T2$. Un TR long (grand devant $T1$) laisse repousser entièrement l'aimantation longitudinale et l'image est alors pondérée en $T2$, alors qu'un TE court (petit devant $T2$) rend l'image essentiellement dépendante du $T1$ (voir Figure 1).

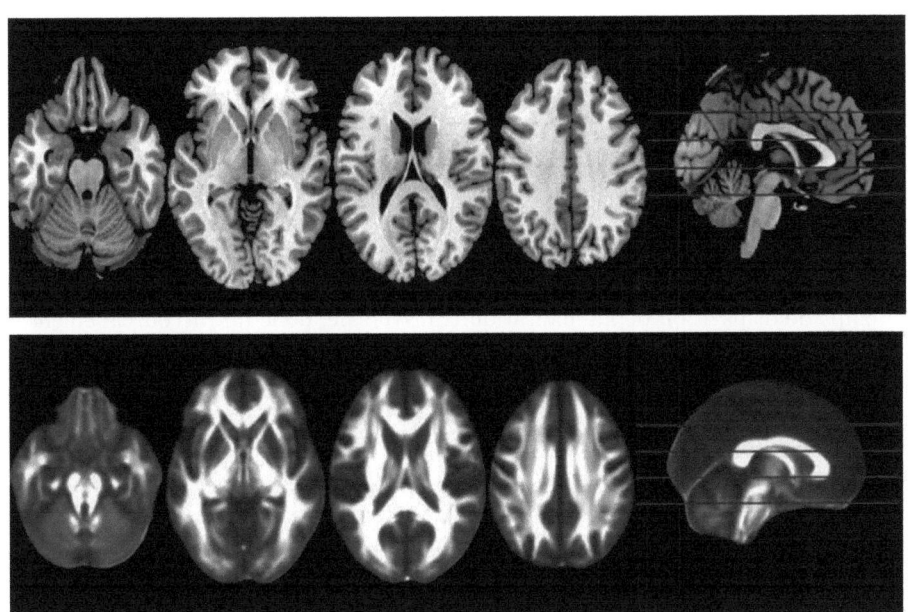

FIGURE 1 – Images d'IRM pondérée en $T1$ (a), pondérée en $T2$ (b). Source : base de données du LIF

1.1.3 Mesure de l'hémodynamique cérébrale

L'effet utile pour l'IRMf est l'effet BOLD (Blood Oxygen Level Dependent) qui, comme son nom l'indique, dépend des variations du niveau d'oxygénation du sang. Comme on le verra par la suite, l'activité neuronale locale, nécessitant de l'énergie, entraine localement une consommation d'oxygène immédiate et un afflux légèrement retardé de sang oxygéné, qui surcompense les besoins réels. Ceci entraine donc une variation locale du rapport des concentrations d'hémoglobines oxygénée et d'hémoglobine désoxygénée [Hb]/[dHb]. Or, il a été montré, que la molécule d'hémoglobine avait des propriétés différentes suivant qu'elle possède ou non de l'oxygène attaché. Ainsi, l'hémoglobine oxygénée Hb est diamagnétique, c'est à dire que son moment magnétique est nul, alors que l'hémoglobine désoxygénée dHb est paramagnétique, c'est a dire qu'elle possède un moment magnétique non nul et peut donc interagir avec un champ magnétique. Or, lorsqu' il n'y a pas d'activité neuronale, localement, le rapport [Hb]/[dHb] est très inférieur à 1, ce qui implique que le compartiment sanguin est globalement paramagnétique. Ceci se traduit par la présence d'un gradient de susceptibilité magnétique important au niveau du compartiment sanguin, qui entraine une in homogénéité locale du champ magnétique statique ΔB_0, dont l'amplitude dépend du rapport de concentration [Hb]/[dHb]. Cette inhomogénéité de champ a pour effet de déphaser localement les spins ce qui entraine une accélération du temps de disparition de l'aimantation transversale, donc un raccourcissement du $T2$. Le $T2$ apparent noté $T2^*$ vérifie la relation :

$$\frac{1}{T2^*} = \frac{1}{T2} + \gamma \|\Delta B_0\|$$

Le $T2^*$ est donc grand pour des rapports [Hb]/[dHb] élevés et faible dans le cas contraire, ce qui signifie que l'amplitude du signal d'IRM (en acquisition pondérée en $T2^*$) à un instant donné est petite quand le rapport [Hb]/[dHb] local est faible et grande quand ce rapport est important. Ainsi, lors d'une activation neuronale, l'afflux de sang oxygéné provoque localement une augmentation du rapport [Hb]/[dHb], donc une augmentation du temps de relaxation $T2^*$ et, par conséquent, une augmentation du signal d'IRM mesuré. L'hémoglobine contenue dans le sang peut donc être considérée comme un produit de contraste endogène pour l'IRM (pondérée en $T2^*$). Cette constatation étant faite, il est nécessaire de détailler les mécanismes qui permettent de considérer que le signal d'IRM pondéré en T* mesuré en IRMf reflète bien l'activité neuronale sous-jacente.

1.2 Le lien entre l'activité neuronale et le signal BOLD

1.2.1 Corrélation entre le signal BOLD et l'activité neuronale

La relation macroscopique entre une activation neuronale impulsionnelle (induite par une stimulation externe par exemple) et le signal BOLD correspondant a été très tôt décrite via une fonction de transfert, appelée *fonction de réponse hémodynamique* (voir Figure 2), considérée, en première approximation comme fixe pour l'ensemble du cerveau : c'est la réponse hémodynamique canonique . Ce modèle paramétrique égal à la somme de fonctions gamma a été proposé par Friston et al. (1994) et permet de modéliser au mieux la réponse hémodynamique observée dans la plupart des cas. Logothetis et ses collaborateurs ont de leur côté mené une série de travaux visant à valider certaines hypothèses sur le couplage neurovasculaire en mesurant simultanément le signal BOLD et le signal électrique au niveau d'une électrode en contact avec le cortex visuel d'un singe anesthésié (Logothetis et al. 2001). Ces travaux ont montré que le signal BOLD était bien prédit localement en convoluant le signal à basse fréquence enregistré au niveau des électrodes avec une réponse hémodynamique fixe, et donc, ont démontré une corrélation empirique entre le signal BOLD et l'activité neuronale.

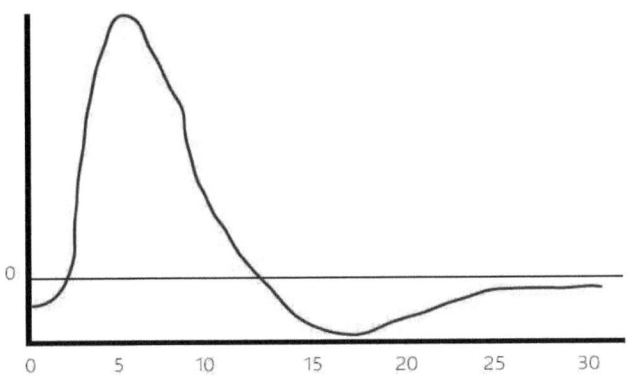

FIGURE 2 – Réponse hémodynamique canonique

1.2.2 Modèles du couplage neurovasculaire

L'activité neuronale induite par une stimulation extérieure ou un processus cérébral interne, se traduit par la création d'un potentiel d'action se propageant le long des axones. Au niveau des synapses, la transmission de l'influx électrique se fait en trois étapes :

1. la réception du potentiel d'action au niveau des terminaisons présynaptiques, qui entraine.
2. la libération dans la fente synaptique de neurotransmetteurs du neurone présynaptique, qui excitent des récepteurs spécifiques du neurone postsynaptique qui commandent.
3. la dépolarisation ou l'hyperpolarisation de la membrane du neurone postsynaptique, qui induit la création d'un potentiel postsynaptique excitateur (ou inhibiteur).

Ces différentes étapes sont consommatrices d'énergie sous forme d'ATP, dont la synthèse se fait à partir de glucose et d'oxygène. Ainsi, à l'activité électrique des neurones s'associe une activité métabolique nécessaire pour les apports énergétiques. De plus, l'oxygène et le glucose étant distribués à l'organisme par le sang, l'activité métabolique est couplée à une activité hémodynamique permettant leur transport.

La réponse hémodynamique peut être décrite en trois phases. Tout d'abord, l'augmentation de l'activité neuronale se traduit par une surconsommation locale d'oxygène extrait au niveau des capillaires . Cette extraction d' oxygène induit une diminution du rapport [Hb]/[dHb] par rapport a son niveau de base et, donc, une diminution du signal BOLD. Dans un deuxième temps le débit sanguin cérébral local subit une forte augmentation, qui surcompense la consommation locale d'oxygène et qui s'accompagne de l'augmentation du volume sanguin au niveau des veines, élastiques, suivant un modèle dit *du ballon* (Buxston et al. 1998). Cet afflux de sang oxygéné provoque une forte augmentation locale du rapport [Hb]/[dHb], qui n'est pas totalement compensé par l'augmentation du volume du sang veineux principalement désoxygéné (voir Figure 3), ce qui induit une forte augmentation du signal BOLD. Enfin, à la fin de la stimulation, le retour du flux sanguin à son niveau de base est plus rapide que celui du volume sanguin veineux, ce qui implique une diminution transitoire du rapport [Hb]/[dHb] par rapport à son niveau de base et, donc, une diminution du signal BOLD.

1.3 Propriétés des données IRMf

L'acquisition d'un jeu de données d'IRMf se fait par l'intermédiaire de séquences d'imagerie rapide, la plus utilisée étant l'imagerie écho-planar, permettant d'acquérir

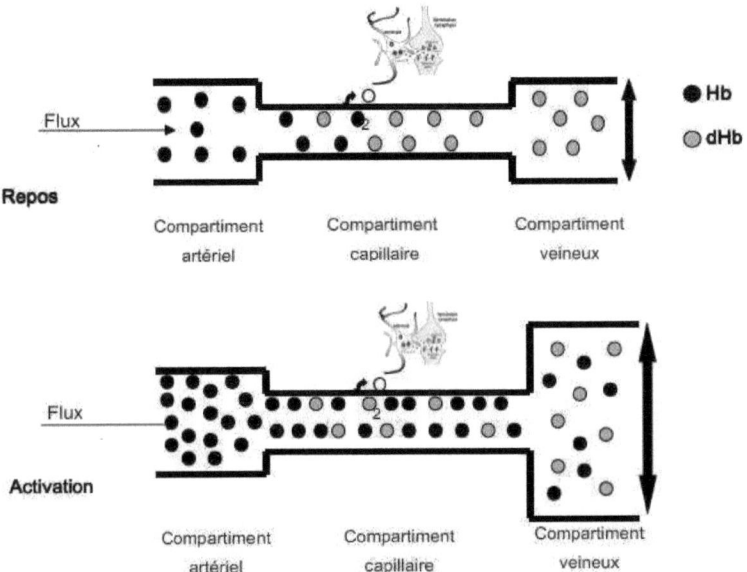

FIGURE 3 – Le couplage neurovasculaire. Augmentation du flux sanguin et du volume veineux pendant une activation neuronale.

un volume du cerveau en un temps relativement court, et ainsi, de pouvoir répéter cette acquisition au cours du temps.

1.3.1 Résolution temporelle et résolution spatiale

Les données d'IRMf sont des données 3D+t, c'est à dire qu'elles sont composées d'un volume 3D du cerveau acquis de manière répétée à intervalles de temps réguliers. Chaque élément de volume du cerveau (voxel) est donc caractérisé par une activité temporelle échantillonnée, la valeur de l'échantillon étant le signal BOLD mesuré dans ce voxel à chaque intervalle de temps. La résolution temporelle des données d'IRMf est donc limitée par l'intervalle de temps entre deux acquisitions consécutives d'un volume du cerveau (le TR de la séquence d'acquisition). La résolution temporelle en IRMf dépend non seulement du TR, mais aussi de la nature du signal BOLD qui est influencé par l'hémodynamique du système vasculaire cérébral.

Augmenter la fréquence d'échantillonnage permet de mieux échantillonner la réponse hémodynamique qui atteint son maximum entre 3 et 6 secondes (voir Figure 2). Cependant, la réponse hémodynamique étant à basse fréquence, un échantillonnage trop rapide est inutile pour décrire sa dynamique. En outre, augmenter la fréquence d'échantillonnage (diminuer le TR), contraint à acquérir moins de coupes et peut donc ne pas permettre l'acquisition du cerveau entier.

De son coté, la résolution spatiale des données d'IRMf est limitée par la taille des voxels utilisés pour échantillonner l'espace. Même si la résolution la plus fine possible est la meilleure pour discriminer les différentes zones cérébrales, le choix de la taille des voxels est un compromis qui doit tenir compte du temps d'acquisition, donc de la résolution temporelle désirée, et du rapport signal à bruit. En effet, l'amplitude du signal dépend de la quantité totale d'hémoglobine désoxygénée dans un voxel, donc dépend de la taille du voxel. Ainsi, plus on diminue la taille du voxel, moins l'amplitude du signal mesuré dans ce voxel est importante, et donc, plus le rapport signal à bruit est faible.

1.3.2 Propriétés statistiques du signal BOLD

Les données d'IRMf sont donc des séries 3D+t, c'est à dire que le signal BOLD d'un volume du cerveau est acquis à chaque intervalle de temps TR. À chaque voxel est associée une évolution temporelle qu'on appelle *décours temporel* qui est la variation au cours du temps du signal BOLD mesuré dans ce voxel à chaque TR. Les propriétés statistiques des données d'IRMf sont étudiées à la fois dans le domaine temporel et dans le domaine spatial.

Il apparaît tout d'abord que les séries temporelles sont autocorrélées . Leur spectre de puissance moyen montre une pondération des basses fréquences suivant un modèle en $1/f$. De plus, il apparaît que la distribution des variations temporelles du bruit suit une loi gaussienne pour la majorité des voxels, l'écartement par rapport à la gaussianité pour certains voxels étant corrélé à l'amplitude des mouvements de la tête au cours de l'expérience. Ainsi, pour de faibles mouvements de la tête, la distribution temporelle du bruit est gaussienne, ce qui valide l'emploi des statistiques T et F pour l'analyse des données d'IRMf via le modèle linéaire général.

Il a été montré également que les données d'IRMf étaient corrélées dans l'espace.

Il apparaît que la variation spatiale du bruit pour chaque volume suit une loi non gaussienne. Cette constatation explique entre autres l'utilisation de filtres spatiaux gaussiens pour lisser les données avant l'application de la théorie des champs aléatoires pour le seuillage des cartes d'activation cérébrale. Cette propriété valide, en plus, l'utilisation de l'analyse en composantes indépendantes spatiales pour l'IRMf, qui recherche des structures spatiales non gaussienne dans les données. Et donc, les données d'IRMf sont structurées dans le temps et dans l'espace.

2 L'étude des réseaux fonctionnels en IRMf

Les deux principes qui structurent l'architecture fonctionnelle du cerveau sont la *ségrégation fonctionnelle* et *l'intégration fonctionnelle* (Sporns et al. 2004). La ségrégation fonctionnelle régit les connexions locales entre neurones voisins, et l'intégration fonctionnelle les connexions à distance via les fibres de matière blanche.

2.1 La ségrégation fonctionnelle

Il est souvent possible de relier une aire cérébrale précise à une fonction sensorimotrice ou cognitive, et inversement. Ainsi, des stimulations (ou inhibitions) de certaine zones du cortex chez l'animal ou l'homme au cours d'interventions neurochirurgicales permettent d'étudier les réponses fonctionnelles du sujet associées aux aires stimulées et de construire une cartographie précise de certaines zones fonctionnelles. De nombreux protocoles en IRMf ont étudié les aires cérébrales spécifiquement activées par une tâche caractéristique d'une fonction particulière, et donc, la ségrégation fonctionnelle. Il apparaît en plus que cette ségrégation fonctionnelle semble être associée à des caractéristiques anatomiques des structures tissulaires cérébrales, concernant à la fois les afférences et les efférences de fibre de matière blanche. Ce sont d'ailleurs sur ces caractéristiques cytoarchitecturales du tissu cortical que s'est basé Brodman (1909) pour proposer une ségrégation anatomique du cortex (chaque aire cérébrale possède une attribution fonctionnelle spécifique) (voir Figure 4).

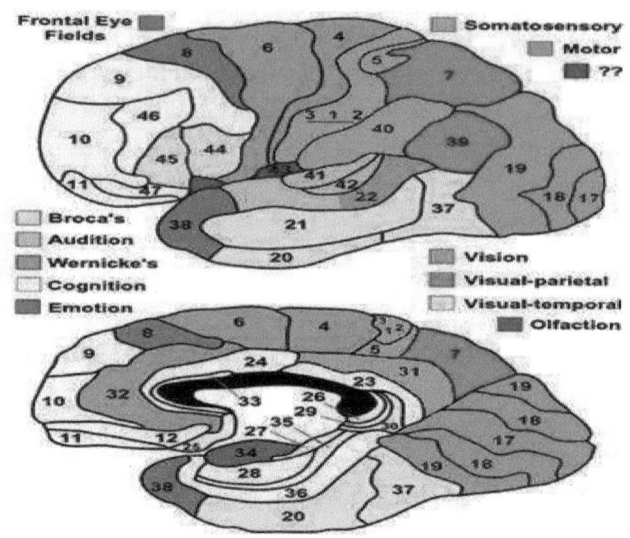

FIGURE 4 – Aires de Brodmann et leurs attributions fonctionnelles.

2.2 L'intégration fonctionnelle

Au cours de l'exécution d'une tâche, il existe une organisation hiérarchique des aires cérébrales permettant un traitement complet de l'information. De manière très schématique, il est possible de considérer des aires primaires assurant l'interface avec le monde extérieur (les aires sensorielles primaires par exemple) et les aires associatives qui assurent le traitement de l'information. Cette intégration de différentes aires cérébrales est possible grâce à la connectivité anatomique de ces différentes régions, assurée par la distribution des axones reliant les neurones. Il existe ainsi une synchronisation de l'activité des populations de neurones qui permet entre autres d'accélérer les échanges d'information entre elles (les potentiels d'action des neurones impliqués sont alors synchronisés), ce qui entraine une optimisation du traitement de l'information. Il est donc naturel de considérer un réseau de régions cérébrales connectées comme objet d'étude de la fonction cérébrale. Cette étude devient alors l'étude des interactions entre les différents noeuds (régions cérébrales) du réseau.

2.3 La connectivité fonctionnelle

L'approche de connectivité fonctionnelle repose sur la notion de réseau fonctionnel. Un réseau de connectivité est composé de noeuds (régions cérébrales) et de liens reflétant les interactions entre ces noeuds. En IRMf, l'étude des réseaux fonctionnels se divise en deux étapes :

1. la définition des régions (les noeuds du réseau).
2. le choix d'une mesure de connectivité entre ces régions (les liens) à partir de leur activité temporelle.

Chaque région d'intérêt sélectionnée est caractérisée par son activité temporelle, définie par exemple comme la moyenne des séries temporelles des voxels de la région. À partir de ces activités temporelles, on peut définir la mesure de connectivité fonctionnelle entre deux régions R_i et R_j, caractérisées par leurs activités temporelles Y_i et Y_j comme étant le coefficient de corrélation r_{ij} entre Y_i et Y_j. Cette mesure traduit la dépendance des activités temporelles des deux régions et est interprétée comme une dépendance fonctionnelle des régions

$$r_{ij} = \frac{S_{ij}}{\sqrt{S_{ii}S_{jj}}}$$

Avec S_{ij} la covariance des séries Y_i et Y_j

$$S_{ij} = \frac{1}{T-1}\sum Y_i(t)Y_j(t)$$

Y_i et Y_j sont les séries temporelles des deux régions R_i et R_j telle que :

$$Y_i = (Y_i(1), ..., Y_i(T)), Y_j = (Y_j(1), ..., Yj(T))$$

3 L'IRMf au repos dans la maladie d'Alzheimer et le Réseau du Mode par Défaut (RMD)

De façon inattendue, des travaux menés en imagerie d'activation ont conduit à l'observation d'un phénomène dit de *désactivation*, par opposition aux *activations* recherchées dans ces études : le signal mesuré dans certaines régions cérébrales est moins important lors de la réalisation de la tâche expérimentale que lors du repos.

En d'autres termes, ces régions ont tendance à se désactiver lorsque le sujet passe de l'état de repos, à la résolution de la tâche expérimentale plus coûteuse en termes d'effort cognitif. De plus, ce phénomène de désactivation est d'autant plus important que la tâche expérimentale demande davantage de ressources attentionnelles (Gusnard et al. 2001), et depuis, l'étude de l'activité cérébrale *au repos* est devenue une thématique privilégiée de la recherche en imagerie.

3.1 Physiologie, anatomie et rôle du RMD

Les travaux réalisés en IRMf au repos se sont intéressés à la nature de ce réseau cérébral. D'un point de vue physiologique, il est caractérisé par la présence de fluctuations basse fréquence du signal allant de 0,01 à 0,1 Hz et principalement, mais pas exclusivement, détectables au niveau du cortex cérébral. Ces fluctuations interviennent dans une bande de fréquence inférieure à celles des rythmes respiratoire (0,1 à 0,5 Hz) et cardiaque (0,6 à 1,2 Hz) (Cordes et al. 2001), et sont synchronisées dans le temps, ainsi qu'entre différentes régions cérébrales spatialement éloignées.

D'un point de vue anatomique, le RMD serait composé de plusieurs régions clés (*hubs*) telles que le cortex cingulaire postérieur (PCC), le précuneus, le cortex frontal médian, ainsi que d'autres régions, comme les régions du cortex pariétal latéral, les régions temporales latérales, les gyrus parahypocampiques et les gyrus frontaux supérieurs (voir Figure 5) (Greicius et al. 2009).

Quant au rôle du RMD, il existe principalement deux hypothèses qui pourraient sembler contradictoires :

– Selon une première hypothèse, le RMD possèderait une fonction introspective (tournée vers soi) et reflèterait une activité cognitive multiple liées à ce mode de pensée. En effet, les structures cérébrales qui le composent sont impliquées dans de multiples fonctions cognitives, soit directement dans des processus de *self* ou soi (PCC/Précuneus, cortex frontal médian ; (Schneider et al. 2008), soit liées à d'autres processus cognitifs, tels que l'attention (cortex frontal), la mémoire épisodique (PCC, régions temporales).
– Selon la seconde hypothèse le cerveau au repos jouerait le rôle d'une sentinelle contrôlant l'environnement afin de réagir à des évènements potentiels. De nombreux arguments expérimentaux viennent étayer cette théorie, comme par

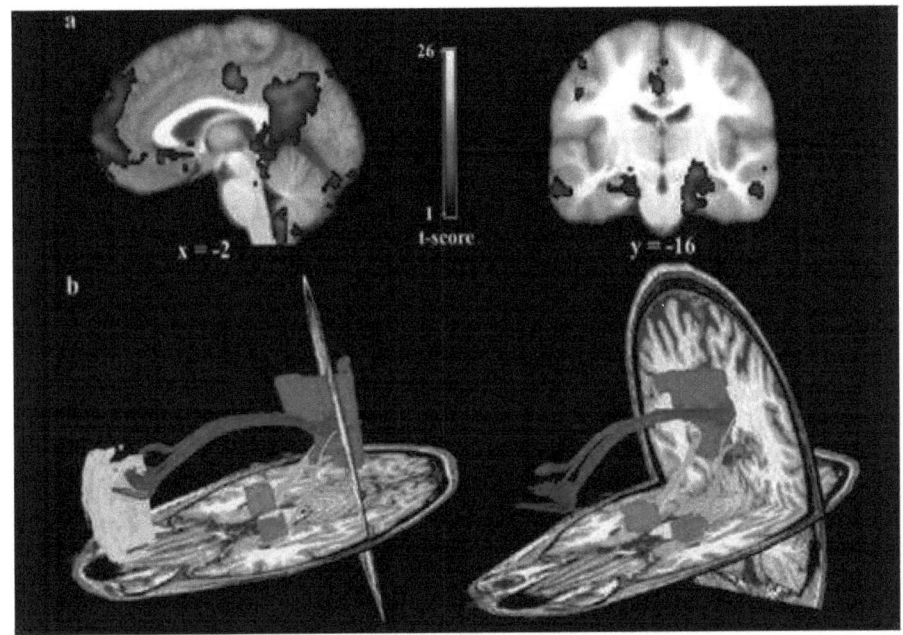

FIGURE 5 – a) : Réseau du mode par défaut issu de l'analyse de connectivité fonctionnelle au repos chez six sujets jeunes ; b) : tractographie de fibres en tenseur de diffusion montrant la connectivité anatomique correspondante à ce réseau chez un sujet. Greicius et al. (2009).

exemple la corrélation existant entre l'activité au sein du RMD et les performances obtenues à une tâche de détection de cibles intervenant de façon aléatoire dans l'environnement. Cette corrélation disparaît lorsque les sujets sont amenés à détecter des cibles apparaissant toujours au même endroit (Buckner et al. 2008).

Finalement, les deux hypothèses proposées quant au rôle du RMD ne sont peut être pas antinomiques. Le RMD nous permettrait de nous laisser aller à des pensées introspectives basées sur des stimulations mentales, tout en gardant un niveau d'attention diffuse suffisant pour interagir avec l'environnement en cas de nécessité.

3.2 L'activité cérébrale au repos au cours du vieillissement

Le RMD, tout comme les fonctions cognitives qu'il sous-tend, est soumis aux effets du vieillissement normal. Plus les sujets sont âgés, plus l'activité au repos est perturbée, tant d'un point de vue régional que global (Esposito et al. 2008). Cependant, en littérature, il a été souvent rapporté une diminution des corrélations entre l'activité du cortex frontal médian et celle du PCC/Précuneus avec l'âge. En d'autres termes, la plupart des études ont souligné une perturbation de la connectivité fonctionnelle le long de *l'axe antéropostérieur* du cerveau (Grady et al. 2009) (voir Figure 6). De plus, et dans cette dernière étude, les mesures en IRMf et celles obtenues grâce à l'IDT (l'IRM de diffusion) covariaient, c'est à dire qu'une perturbation de la diffusion de l'eau le long de des faisceaux de substance blanche liée à une altération de la myéline était corrélée à une diminution de la connectivité fonctionnelle. Par ailleurs, plus les scores cognitifs des sujets étaient faibles, plus la connectivité fonctionnelle au repos diminuait. Ces résultats suggèrent que les diminutions des performances cognitives (mémoire, vitesse de traitement de l'information et fonctions exécutives) liées à l'âge seraient en partie dues à une diminution de la connectivité fonctionnelle antéropostérieure, et par extension, à une altération de la connectivité anatomique sur ce même axe.

3.3 L'activité cérébrale au repos et la maladie d'Alzheimer

Les patients atteints de MA présentent des déficits cognitifs multiples, d'installation progressive, portant notamment sur la mémoire épisodique (mémoire des faits récents), à l'origine d'une perte d'autonomie. La démence d'Alzheimer se manifeste ainsi cliniquement à un stade où le processus neurodégénératif a déjà entraîné des dommages cérébraux diffus et importants, caractérisés par la présence de plaques séniles et de dégénérescences neurofibrillaires affectant notamment le cortex temporal interne et les régions associatives postérieures.

Quel que soit le rôle exact du RMD, il est intéressant de constater que les aires cérébrales qui le composent sont précocement atteintes dans la maladie d'Alzheimer. Par exemple, le PCC/Précuneus, qui se trouve être l'un des principaux pivots du RMD, est également une région dont le métabolisme est perturbé de façon précoce dans la MA (Buckner et al. 2008). En effet, il existe une similitude entre les régions

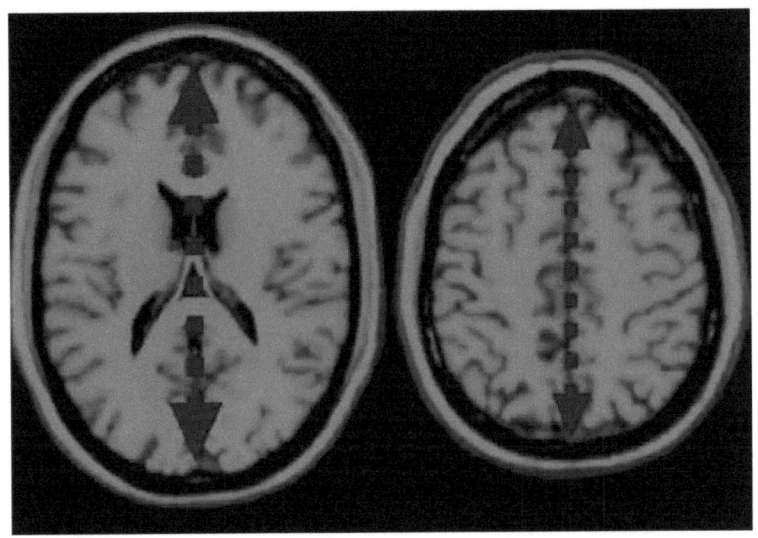

FIGURE 6 – L'axe antéropostérieur sur une coupe axiale d'une IRM anatomique du cerveau.

cérébrales atteintes dans la MA et celles constituant le RMD. Ainsi, des études en IRM ont montré une atrophie précoce de l'hippocampe, et globalement, une atrophie du cerveau à un stade avancé de la maladie (voir Figure 7). En imagerie TEP au 18F-FDG, un hypométabolisme a été observé très précocement dans la MA dans la région du PCC/Précunéus. Les études menées en IRMf au repos ont montré des diminutions de la connectivité fonctionnelle dans le PCC/Précuneus et dans l'hippocampe (Greicius et al. 2004 ; Qi et al. 2010). Donc, la connectivité entre chacune de ces régions (PCC/Précuneus et Hippocampe) et le reste du cerveau semblerait être perturbée.

En plus de ces diminutions en terme de connectivité, le pattern de désactivation semble également perturbé chez les patients MA, qui présentent des désactivations d'amplitude inférieure à celles des sujets témoins dans le PCC/Précuneus.

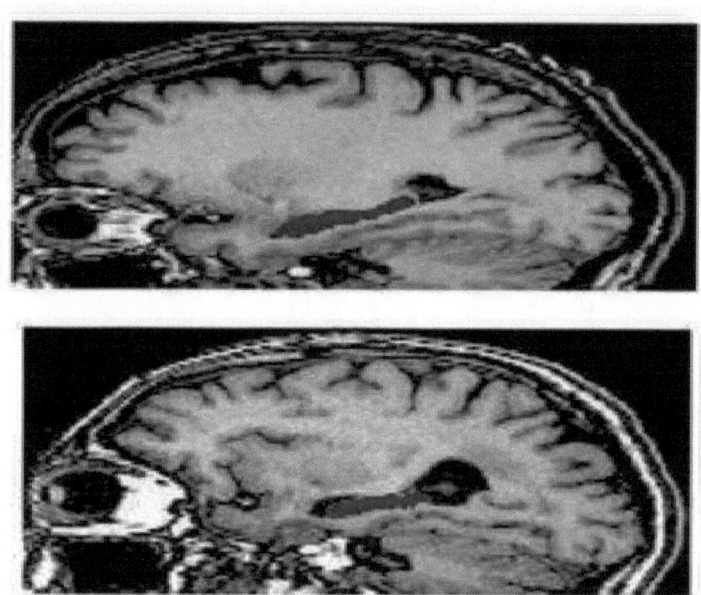

FIGURE 7 – L'atrophie de l'hippocampe dans la maladie d'Alzheimer ; -a) Sujet âgé sain ; -b) Sujet atteint de la maladie d'Alzheimer.

4 Matériels et méthodes

L'étude se divise en deux parties : dans la première nous avons comparé un groupe de sujets âgés sains à un groupe de sujets jeunes sains afin d'étudier l'effet du vieillissement normal sur les connectivités fonctionnelles au sein du RMD. Dans la deuxième, nous avons comparé le groupe des sujets âgés sains à un groupe de patients ayant la maladie d'Alzheimer dans le but d'étudier l'effet de la maladie en utilisant exactement la même méthodologie (on change seulement les données).

4.1 Sujets

Pour la première étude, on avait deux groupes de sujets contrôles, le premier groupe était constitué de 19 sujets jeunes (7 de sexe féminin et 12 de sexe masculin), tous âgés de 20 ans et le second de 19 sujets âgés de 61 ± 1 ans (4 de sexe féminin et 15 de sexe masculin), tous volontaires et consentants. Tous les sujets répondaient à des critères d'ordre physique et mental préalablement établis. Il a été vérifié qu'aucun des sujets ne prenait de médicaments susceptible d'influer sur l'activité du cerveau, qu'ils étaient sans aucune maladie ou antécédent neurologique ou psychiatrique (dossier médical, examens médicaux et neurologiques, analyses de sangs et un examen d'IRM cérébrale), il a aussi été vérifié qu'aucun des sujets n'avait de traumatisme crâniens (léger), ni subi de chirurgie crânienne auparavant. Enfin, le test MMS (mini mental state) a révélé des scores normaux (>29) pour tous les sujets.

Pour la seconde étude, nous avions 20 sujet atteints de la maladie d'Alzheimer (11 de sexe féminin et 9 de sexe masculin), âgés de 62 ± 9 ans ; un intervalle d'âge de 55 à 84 ans (n=10 dans la 5ème décennie, n=7 dans la 6ème décennie, n=1 dans la 7ème décennie et n=2 dans la 8ème décennie). Ces patients ont été recrutés dans le cadre de l'étude BIOMAGE. Le diagnostic de la maladie a été porté sur les critères de démence du DSM-IV-R et de maladie d'Alzheimer cliniquement probable (McKhann et al. 1984). Le diagnostic clinique a été appuyé par une imagerie TEP montrant une augmentation de la charge amyloïde, grâce à un ligand des plaques amyloïdes, le 11CPIB ou (Pittsburgh Compound B) (McKhann et al. 1984). De plus, des mesures des concentrations des protéines β-**amyloide** (<500) et **Tau** (>450) effectuées à partir d'un prélèvement du liquide céphalo-rachidien ont également confirmé le diagnostic chez les 20 sujets de ce groupe.Tous les sujets des trois groupes étaient droitiers.

4.2 Acquisition des données

Les données d'IRM ont été acquises au Centre de Neuroimagerie de Recherche (CENIR) de l'hôpital Pitié-Salpêtrière (Paris), sur une machine Siemens TRIO à 3 Teslas. Les données d'IRM fonctionnelle ont été acquises au repos, en demandant aux sujets de garder les yeux fermés tout en essayant de ne pas penser à quelque chose de précis. Les acquisitions d'IRMf ont été réalisées en utilisant 45 coupes axiales et une séquence d'imagerie de gradient écho-planar (temps de répétition TR=3s ; temps d'écho TE=40 ms ; α=90 dgrès ; largeur de bande=1,562 Hz par pixel ; champ de vue (FOV) 192x192 mm^2 ; taille des voxels 3x3x3 mm^3 ; une matrice 64x64 et 119 volumes fonctionnels acquis par sujet). Des images anatomiques ont été aussi acquises pour servir de références en utilisant une magnétisation 3D rapide en écho de gradient (MP-RAGE) afin d'acquérir des volumes à hautes résolutions (FOV 256x256 mm^2 ; matrice 256x256 ; résolution 1x1x1 mm^3 ; TR =14 ms ; TE=7,61 ms) ;

4.3 Prétraitements des données d'IRMf

Une série de prétraitements des données d'IRMf est nécessaire avant de passer aux étapes suivantes. À l'aide du logiciel SPM8, on réalise les prétraitements suivants.

4.3.1 Correction du décalage temporel d'acquisition entre les coupes fonctionnelles

Lors de l'acquisition des images fonctionnelles, les différentes coupes d'un même volume ne sont pas acquises simultanément, mais successivement (en mode séquentiel ou en mode entrelacé) pendant une durée égale au temps de répétition TR. Par exemple, avec un TR = 3s et une acquisition où les coupes sont acquises du bas vers le haut du cerveau, la coupe la plus haute est systématiquement acquise 3s après la coupe la plus basse. Évidemment, l'impact de ce décalage temporel est particulièrement important. Il faut le prendre en compte soit au niveau des prétraitements, soit au niveau des traitements statistiques ultérieurs. La correction proposée consiste simplement à ramener, par interpolation temporelle, l'instant d'acquisition de toutes les coupes à un instant commun, qui est l'instant d'acquisition d'une des coupes du volume (coupe de référence numéro 22). Lors des analyses statistiques, on considérera ensuite que toutes les coupes du volume ont été acquises simultanément.

4.3.2 Réalignement des images fonctionnelles

L'objectif par cette phase de prétraitement est de corriger les artefacts dus aux mouvements de la tête du sujet, inévitables pendant une acquisition qui peut durer plusieurs dizaines de minutes. Si ces mouvements ne sont pas corrigés, il peut en résulter des *faux positifs* dans les cartes d'activation, c'est-à-dire des voxels qui sont considérés comme activés après seuillage alors qu'ils ne le sont pas en réalité. Ces voxels *faux positifs* apparaissent typiquement en périphérie du cerveau. On voit alors sur les cartes d'activation obtenues à l'issue des analyses statistiques une couronne d'activation typique. Le principe du recalage utilisé consiste à choisir une image de référence au sein de la série temporelle acquise, et à corriger le déplacement des autres images de la série par rapport à cette image de référence. Le déplacement est supposé rigide, c'est à dire, composé uniquement de rotations et de translations. Le recalage s'effectue en deux étapes distinctes :

1. Une étape au cours de laquelle est calculée une matrice 3x3, qui correspond pour chaque image à la transformation géométrique affine qui décrit le déplacement rigide de cette image par rapport à l'image de référence.
2. Une étape au cours de laquelle la transformation géométrique calculée lors de l'étape précédente est appliquée aux images. Cela permet de calculer les images recalées par rapport à l'image de référence, ainsi que la moyenne des images recalées par rapport à l'image de référence (cette image est utile lors de la procédure de normalisation spatiale).

4.3.3 Lissage spatial

La dernière étape des prétraitements consiste à lisser spatialement les données pour contourner des problèmes de corrélation spatiale, notamment au moment de l'étape de seuillage des cartes. En effet, les données d'IRM fonctionnelle présentent des corrélations spatiales, c'est à dire, le signal acquis dans un voxel donné n'est pas indépendant du signal acquis dans les voxels voisins. Les caractéristiques de ces corrélations spatiales sont difficiles à estimer. En pratique, on lisse donc les données avec un filtre Gaussien passe-bas (qui coupe les hautes fréquences) de façon à ce que, dans les images lissées, les caractéristiques des corrélations spatiales soient connues et imposées par les propriétés du filtre utilisé.

4.4 Identification des réseaux fonctionnels à large échelle par Analyse en composantes Indépendantes(ACI)-NEDICA

L'analyse en composantes indépendantes (ACI) spatiale appliquée aux données d'IRMf est capable d'extraire de multiples effets structurés associés à des processus fonctionnels (réseaux fonctionnels). Sachant que la dynamique temporelle (fréquence et phase) de la plupart des processus fonctionnels est spécifique pour chaque sujet, il serait préférable de se focaliser sur l'organisation spatiale des effets fonctionnels, qui elle, est susceptible d'être reproductible d'un jeu de données à l'autre.

La méthode utilisée pour la détection des réseaux fonctionnels est NEDICA (Network Detection using ICA) développée au sein du laboratoire (Perlbarg et al. 2008) qui permet de déterminer les réseaux fonctionnels structurés reproductibles sur une population et qui repose sur une classification hiérarchique des cartes spatiales indépendantes, calculées à l'échelle individuelle.

4.4.1 Analyse en composantes indépendantes spatiales à l'échelle individuelle

On peut résumer les données d'IRMf de chaque sujet en une matrice $X = (x_1, ..., x_T)$ de taille TxN (N voxels et T échantillons temporels) des séries temporelles, il est alors possible d'appliquer une méthode de séparation aveugle de sources en utilisant l'analyse en composantes indépendantes spatiales, qui suppose que les données d'IRMf sont un mélange de réseaux de régions structurés indépendants spatialement (il n'existe pas de recouvrement systématique entre ces réseaux de régions), chacun caractérisé par son activité temporelle spécifique. Il est alors possible de considérer le modèle suivant :

$$X = AS$$

Tel que :

S est la matrice des T sources spatiales indépendantes (de taille TxN).

A est la matrice de mélange (de taille TxT) contenants les T décours associés.

X les données d'IRMf.

Ceci nous conduit à la résolution d'un problème inverse qui consiste à retrouver S connaissant X. L'analyse en composantes indépendantes (ACI) se définit comme la décomposition des données $X = (x_1, ..., x_T)$ sur une base de vecteurs indépendants $Y = (y_1, ..., y_T)$ suivant le modèle :

$$Y = BX$$

Donc, le problème revient à déterminer les variables Y les plus indépendantes possibles qui vérifient l'équation :

$$Y = BX$$

$$I(Y) \quad \text{minimale}$$

Telle que $I(Y)$ est une mesure de dépendance statistique (deux variables sont dites statistiquement indépendantes si leur densité de probabilité conjointe et égale au produit de leurs densités de probabilité marginale).

Une fois le problème posé, on utilise l'algorithme INFOMAX (Linsker. 1998) pour le résoudre. Cet algorithme stipule que dans un réseau de neurones, le passage d'une couche de neurones à une autre doit se faire de telle sorte que le taux d'information transmis entre ces couches soit maximal. Ainsi, les sources indépendantes qu'on recherche sont les sorties d'un réseau de neurones non linéaire qui maximisent l'entropie de sortie (le taux d'information), telle que, l'entropie d'une variable aléatoire x est définie par :

$$H(x) = -E\{\log p(x)\}$$

En considérant X les entrées du réseau de neurones, les sorties sont de la forme :

$$y_i = \Phi_i(b_i X) + e$$

Avec Φ_i des fonctions scalaires non linéaires, b_i les poids des neurones et e un bruit blanc gaussien.

On cherche à maximiser l'entropie de sortie $H(Y)$:

$$H(Y) = H(\Phi_1(b_1 X), ..., \Phi_1(b_T X))$$

Mettons $F(X) = (\Phi_1(b_1 X), ..., \Phi_1(b_T X))$ alors :

$$H(Y) = H(F(X)) = H(X) + E\{\log |det \frac{\partial F}{\partial B(X)}|\}$$

En developpant la dérivée :

$$\Theta(B) = E\{\log |det \frac{\partial F}{\partial B(X)}|\} = \sum E\{\log \Phi_i(b_i X)\} + \log |det B|$$

Maximiser $H(Y)$ revient à maximiser $\sum E\{\log \Phi_i(b_i X)\} + \log |det B|$

Pour trouver la matrice B qui permet de résoudre le problème de séparation de sources, on utilise un algorithme de descente de gradient pour maximiser la fonction

$\Theta(B)$, à partir d'une valeur initiale de B, à construire une série de valeurs pour la matrice B_k suivant le gradient de la fonction $\Theta(B)$ jusqu'à obtenir une valeur optimale B (B_{opt}) telle que $(\frac{\partial \Theta}{\partial B})_{B_{opt}} = 0$ comme suit :

$$B_{k+1} = B_k + \Delta B_k$$
$$\Delta B_k = \eta(\partial \Theta/\partial B(B_k))$$

4.4.2 Seuillage des composantes spatiales

Après l'estimation de la matrice B en utilisant l'algorithme *Infomax*, on peut à partir de la matrice des données X déterminer K composantes indépendantes spatiales $Y = (y_1, ..., y_k)$, contenant chacune N voxels et les décours temporels associés $A = (a_1, ..., ak)$.

Dans le but de déterminer si pour chaque composante spatiale, un voxel est significativement activé par le processus temporel associé à cette composante, un seuillage des composantes spatiales (ou cartes) a été fait en transformant les cartes en cartes de scores Z, en supposant que la distribution des valeurs de chaque carte y_i suivait une loi normale $\mathcal{N}(\mu, \sigma_i^2)$ de moyenne μ, et de variance σ_i^2. Donc, pour une carte y_i, le score Z de son voxel j s'écrit comme suit :

$$Z_i(j) = (y_i(j) - \mu)/\sqrt{\sigma_i^2}$$

Avec μ, la moyenne estimée des scores de la carte y_i en utilisant un estimateur qui est la médiane, et σ_i^2 la variance estimée, telle que :

$$\mu = med(y_i)$$
$$\sigma_i = 1.48 med(|y_i med(y_i)|)$$

4.4.3 Pré-selection des composantes

Une fois l'ACI spatiale appliquée aux (P= 38) jeux de données (nombre de sujets), on choisit un nombre de composantes K fixe pour tous les jeux de données ($K = 40$), permettant à la fois de limiter le nombre de composantes inclus dans l'étude de groupe et d'inclure les principaux effets structurés. L'ensemble des ($KxP =$

1520) composantes spatiales calculées sont transformées en score Z. Il s'agit alors de sélectionner les composantes structurées spatialement, et similaires d'un jeu de données à l'autre.

Une composante spatiale est dite structurée si la majorité de ses voxels dépasse un seuil donné ($Z > 2$) et est regroupée en agrégats de taille minimale (500 mm^3). Enfin, les composantes spatiales retenues sont normalisées dans l'espace MNI (*Montreal Neurological Institute*) pour permettre leur comparaison.

4.4.4 Classification hiérarchique

Afin de passer à l'échelle du groupe, on regroupe les composantes structurées spatialement et similaires en utilisant la classification hiérarchique. Donc, on définit un critère de similarité entre les objets à classer qui se fonde sur la notion de distance, qui est définie à partir du coefficient de corrélation linéaire de Pearson, ainsi, la distance d entre deux objets (composantes) y_i et y_j s'écrit comme :

$$d(y_i, y_j) = \sqrt{1 - r_{ij}}$$

telle que, r_{ij} est le coefficient de corrélation entre y_i et y_j. La classification est alors réalisée en utilisant le critère de l'augmentation de l'inertie qui consiste à minimiser le gain d'inertie intraclasses entre une partition et une autre obtenue en fusionnant deux classes. Cette procédure permet de construire une hiérarchie qui peut être visualisée par un dendrogramme (voir Figure 8)

4.4.5 Choix des classes d'intérêt

Sachant qu'une partition d'intérêt ne doit pas fusionner des composantes trop distantes, les regroupements sont stoppés lorsque les variations de l'inertie intraclasse deviennent trop importantes.

Une fois les classes déterminées, il est possible de déterminer une composante spatiale moyenne, représentative de la classe. Enfin, parmi l'ensemble des classes déterminées, certaines correspondent à des régions corticales associées à des processus fonctionnels, et d'autres à des processus de bruit physiologique.

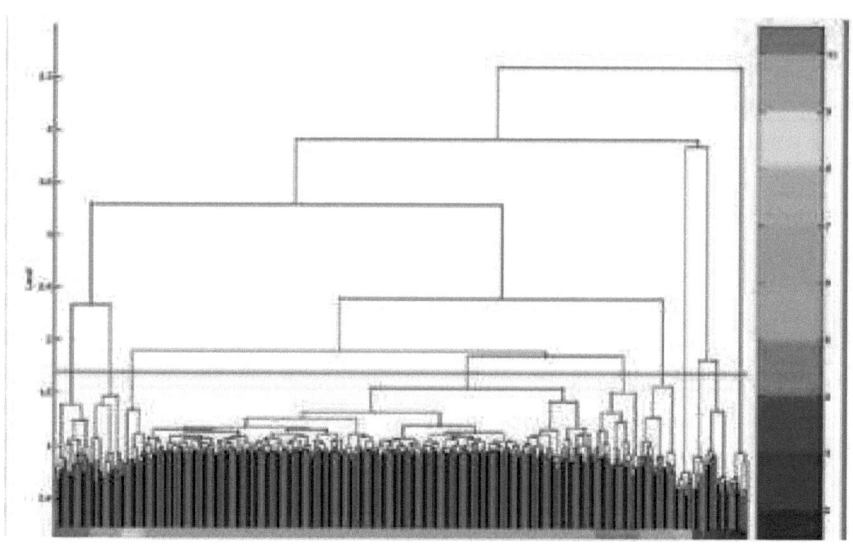

FIGURE 8 – Exemple d'un dendrogramme à partir de 1520 éléments.

4.5 Mesure des interactions

L'approche de connectivité fonctionnelle repose sur la notion de réseau fonctionnel. Un réseau de connectivité est composé de noeuds (régions cérébrales) et de liens reflétant les interactions entre ces noeuds. En IRMf, l'étude des réseaux fonctionnels se divise en deux étapes :

1. la définition des régions (les noeuds du réseau)
2. le choix d'une mesure de connectivité entre ces régions (les liens) à partir de leur activité temporelle.

4.5.1 Sélection des régions d'intérêt

Une fois les réseaux fonctionnels identifiés, On s'intéresse seulement au RMD qui est constitué des dix régions suivantes : le cortex frontal médian, les deux gyrus frontaux supérieurs (gauche et droit), le cortex cingulaire postérieur, précuneus, les deux régions du cortex pariétal latéral, les deux régions temporales et enfin les hippocampes. Ces régions d'intérêt ont été définies en utilisant un algorithme de croissance de région itératif, c'est-à-dire que pour chaque région d'intérêt, on choisit le voxel avec le t-score le plus élevé que l'on considère comme un point de départ et on cherche parmi tous ses voxels voisins, celui ayant le t-score le plus élevé et on l'inclut dans la région d'intérêt, puis on refait la même chose jusqu'à avoir nos régions d'intérêts (arrêt :lorsque le t-score est trop faible ou la taille maximale de la région est atteinte). Les coordonnées de Talairach ainsi que les volumes respectifs de chaque région d'intérêt sont représentés sur le tableau représenté dans la Figure 9.

Région	X	Y	Z	Volume [mm³]
Frontal médian (FM)	0	50	15	18279
Gyrus Frontal Sup droit (GFS-R)	26	33	41	6372
Gyrus Frontal Sup gauche (GFS-L)	-25	27	44	8289
PCC/Précuneus (Prec/PCC)	1	-53	23	19575
Pariétal Latéral droit (PL-R)	-40	-66	35	11664
Pariétal Latéral gauche (PL-L)	45	-62	31	11502
Temporal droit (TM-R)	-57	-11	-14	1404
Temporal droit (TM-R)	57	-11	-16	3159
Hippocampe droit (HIPP-R)	-22	-13	-13	4347
Hippocampe-gauche (HIPP-L)	22	-14	-13	5049

FIGURE 9 – Les régions d'intérêt de l'étude (jeunes/âgés) avec leurs coordonnées de Talairach et les volumes correspondants.

4.5.2 La corrélation

Sachant que chaque région d'intérêt sélectionnée est caractérisée par son activité temporelle moyenne, définie par exemple comme la moyenne des séries temporelles des voxels de la région (ou le décours temporel moyen) comme il est montré sur la Figure 10. À partir de ces activités temporelles, on peut définir la mesure de connectivité fonctionnelle entre deux régions R_i et R_j, caractérisées par leurs activités temporelles Y_i et Y_j comme étant le coefficient de corrélation r_{ij} entre Y_i et Y_j. Cette mesure traduit la dépendance des activités temporelles des deux régions et est interprétée comme une dépendance fonctionnelle des régions.

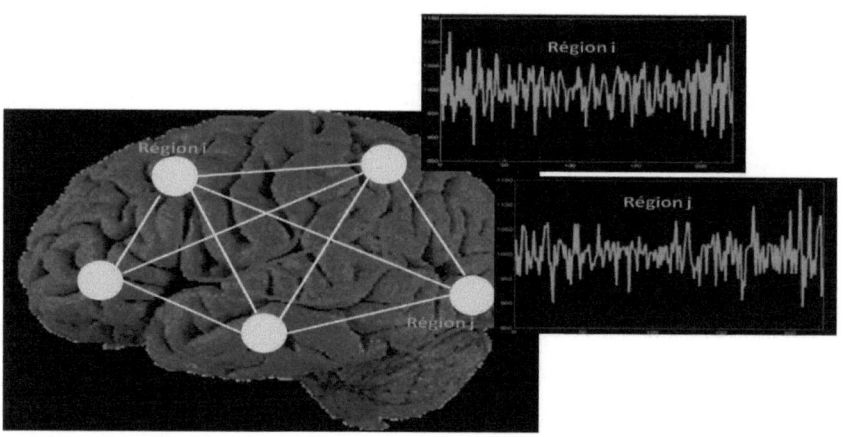

FIGURE 10 – Régions et décours temporels moyens.

La corrélation fonctionnelle entre deux différentes régions est donnée par :

$$r_{ij} = S_{ij}/\sqrt{S_{ii}Sjj}$$

Avec S_{ij} la covariance des séries Y_i et Y_j

$$S_{ij} = E[XY] - E[X]E[Y]$$
$$S_{ij} = \frac{1}{T-1}\sum Y_i(t)Y_j(t)$$

Y_i et Y_j sont les séries temporelles des deux régions R_i et R_j : $Yi = (Y_i(1), ..., Y_i(T))$, $Y_j = (Y_j(1), ..., Y_j(T))$ Sachant que le RMD est composé de 10 régions d'intérêts, la connectivité fonctionnelle dans ce réseau est caractérisée par tous les coefficients de corrélations calculés entre les 10 régions, c'est-à-dire, par les 10x(10-1)/2 = 45 coefficients de corrélations qui forment ce qu'on appelle la matrice de corrélation R.

4.5.3 L'intégration

La mesure de l'intégration est originaire de la théorie de l'information et est une dérivée de l'information mutuelle (Marrelec et al. 2008). Cette mesure nous informe sur l'intégration globale d'un réseau, et donc, peut être considérée comme étant une mesure de la corrélation à l'échelle du réseau (ou systèmes). Afin de quantifier les changements de la connectivité fonctionnelle causés par l'âge et la par maladie, on mesure l'intégration. L'intégration du RMD peut être définie à partir de la matrice de corrélation R comme suit :

$$I_{RMD} = -\frac{1}{2}\log|R|$$

Telle que $|R|$ est le déterminant de la matrice de corrélation R.

Cette relation entre l'intégration et la corrélation montre bien que l'intégration est dérivée de la connectivité fonctionnelle, en représentant les 45 coefficients de corrélation par un seul coefficient (celui de l'intégration).

L'intégration peut aussi être appliquée de façon hiérarchique afin de quantifier les interactions fonctionnelles *dans* et *entre* les systèmes, chaque système étant composé de plusieurs régions. Ici, on a décidé de subdiviser le RMD en quatre sous-réseaux (systèmes) qui sont les suivants :

1. **Sous-réseau Frontal (Système$_{FRONT}$)** : constitué des régions du cortex frontal médian et des gyrus frontaux supérieurs.

2. **Sous-réseau Pariétal (Système$_{PAR}$)** : comporte les régions du cortex cingulaire postérieur, précuneus (PCC/Précuneus) et des régions pariétales latérales.

3. **Sous-réseau Temporal (Système$_{TEMP}$)** : contient les régions du cortex temporal médian (droit et gauche).

4. **Sous-réseau Hippocampique (Système$_{HIPP}$)** : constitué des Hippocampes (gauche et droit).

L'intégration a aussi été utilisée pour quantifier la connectivité dans et entre les 4 sous-réseaux en décomposant la matrice de covariance $\sum$ comme suit :

$$\Sigma = \begin{bmatrix} \sum_{FRONT} & \sum_{FRONT,PAR} & \sum_{FRONT,TEMP} & \sum_{FRONT,HIPP} \\ \sum_{PAR,FRONT} & \sum_{PAR} & \sum_{PAR,TEMP} & \sum_{PAR,HIPP} \\ \sum_{TEMP,FRONT} & \sum_{TEMP,PAR} & \sum_{TEMP} & \sum_{TEMP,HIPP} \\ \sum_{HIPP,FRONT} & \sum_{HIPP,PAR} & \sum_{HIPP,TEMP} & \sum_{HIPP} \end{bmatrix}$$

Avec $\sum$ la matrice de covariance totale.

D'après Marrelec et collaborateurs, l'intégration totale I_{tot} du RMD peut s'écrire sous une forme hiérarchique comme suit :

$$I_{tot} = \sum I_{intra-systmes} + \sum I_{inter-systmes}$$

Telle que $I_{inter-systmes}$ représente l'intégration inter systèmes (entre les sous-réseaux) qui quantifie la connectivité fonctionnelle entre les systèmes, quant à $I_{intra-systm}$ elle représente l'intégration intra-système et quantifie la connectivité fonctionnelle dans les systèmes.

Exemple :

Considérons le réseau suivant S contenant neuf régions supposées être connectées entre elles. On décompose S en trois systèmes $(S1, S2, S3)$, chaque système est composé de trois régions.

Donc, l'intégration totale du réseau S s'écrit comme suit :

$$I_S = \sum I_{intra-systmes} + \sum I_{inter-systmes}$$
$$I_S = I_{intra_{S1}} + I_{intra_{S2}} + I_{intra_{S3}} + I_{inter_{S1/S2}} + I_{inter_{S2/S3}} + I_{inter_{S1/S3}}$$

4.5.4 L'inférence

Le paramètre $\sum$ du modèle Gaussien est nécessaire pour le calcul de l'intégration. Cependant, il n'est que partiellement accessible à travers les données, donc, les valeurs de l'intégration ont été inférées en utilisant un échantillonnage numérique Bayesien pour donner une approximation de la distribution à posteriori des paramètres d'intérêt dans une analyse de groupe (Marrelec et al. 2006). On a choisit

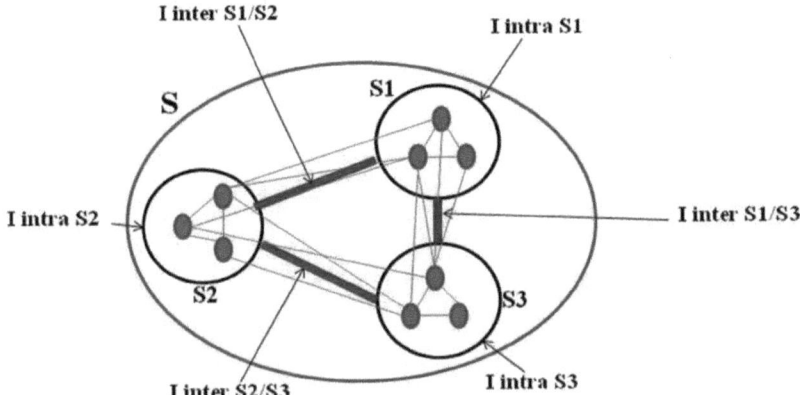

FIGURE 11 – Exemple de calcul d'intégration (hiérarchique) dans un réseau avec neuf régions, réunies dans trois systèmes (sous-réseaux).

de faire 1000 tirages des matrices de covariance, à partir desquelles on calcule les matrices de corrélations et les valeurs d'intégration (sur 1000 tirages aussi).

4.5.5 Seuillage des matrices de corrélations

Toutes les matrices de corrélation calculées ont été seuillées à un seuil de corrélation significatif, choisit en fonction du nombre de degrés de liberté, qui correspond au nombre de volumes acquis (119) et pour une probabilité ($p < 0.05$), c'est-à-dire que les corrélations restantes après le seuillage sont à 95% significatives (5% d'erreur). Le seuil choisi $s = 0.197$ est tiré de la table de corrélation de r.

4.5.6 Différences entre les groupes

En voulant s'intéresser qu'aux différences significatives de la connectivité fonctionnelle entre les groupes, on a fait un $t - test$ (échantillons) entre la matrice de corrélation des sujets jeunes et celle des sujets âgés, en considérant chaque élément $R(i, j)$ de la matrice de corrélation comme étant un échantillon de 1000 valeurs (les matrices ont été calculées sur 1000 tirages). Donc, on vérifie avec ce $t - test$ l'hypothèse nulle $H0$ que les moyennes et les variances de chaque paire vecteurs d'échantillons provenant des deux groupes, soient égales avec une probabilité ($p < 0.05$). Après avoir seuillé et réalisé le $t-test$, on calcule les matrices de probabilités qu'un groupe soit supérieur à l'autre et vice versa.

4.5.7 L'évidence

Il est possible à partir des ($N = 1000$) tirages des matrices de covariances d'estimer la probabilité a posteriori $p(A/y)$, sachant que (y) représente les données, c'est-à-dire, les décours temporels moyens des régions d'intérêts choisies, et A représente la mesure de l'intégration, et donc, on veut comparer si les différences d'intégrations sont significatives d'un groupe à l'autre comme suit :

$$p(A/y) \approx \frac{1}{N} \#\{I_{(i)gs} < I_{(i)jeunes}\}$$

avec $i = (1,, N)$, et $\#$ représente la fonction cardinale de l'ensemble. Ainsi, on peut tester la significativité de la mesure de l'intégration en mesurant ce qu'on appelle *l'évidence*

$$e(A/y) = 10\log_{10}(\frac{p(A/y)}{1-p(A/y)})$$

L'évidence mesure le rapport entre la probabilité que A soit vrai sur la probabilité que A soit faux dans une base de logarithme décimal. Ainsi, deux valeurs d'intégrations sont dites significativement différentes si $|e(A/y)| > 10$, ce qui correspond à une probabilité que A soit vrai $p(A/y) > 0.909$.

4.6 Calcul de l'intégration totale à l'échelle individuelle

L'intégration totale a été calculée à l'échelle individuelle (sujet à sujet) pour le groupe des sujets âgés et le groupe MA en prenant le masque des régions d'intérêt utilisé pour l'étude de groupe et en l'appliquant pour chaque sujet afin d'extraire les décours temporelles moyens de chaque sujet. Ensuite, on calcule les matrices de covariances individuelles (ou de corrélations), et enfin, en appliquant la définition de l'intégration, on aura calculé pour chaque sujet son intégration totale dans le but d'une comparaison à l'échelle individuelle.

4.7 Modèle de graphes

La connectivité fonctionnelle du cerveau peut être étudiées et analysées en utilisant la théorie des graphes (Sporns et al. 2004). Le principe de cette théorie consiste à modéliser le RMD par un graphe. Un graphe est défini par un des noeuds (sommets), et les liens (connexions) entre les paires de noeuds. Les noeuds dans les grands réseaux cérébraux représentent généralement les régions du cerveau (10 noeuds dans notre cas), tandis que les liens représentent les connexions fonctionnelles entre l'ensemble des régions (voir Figure 12).

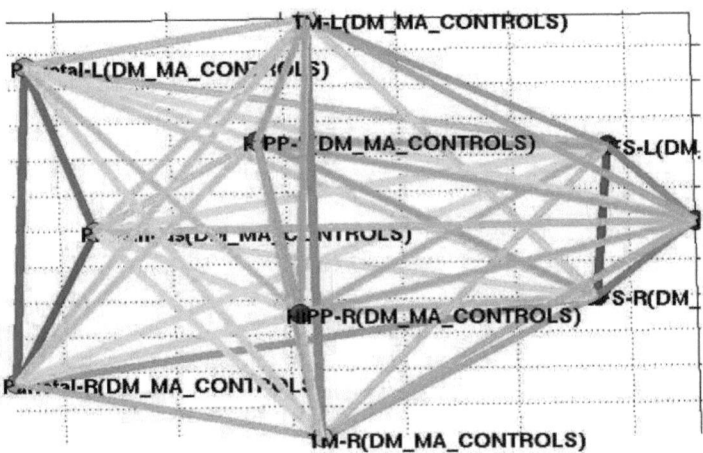

FIGURE 12 – Graphe du RMD, modélisé avec des noeuds (les régions d'intérêts) et des liens entre eux..

4.7.1 Mesure des indices de graphes

La modélisation du RMD par un graphe nous permet de faire des mesures de quelques indices de graphes qui peuvent nous informer sur la connectivité fonctionnelle au sein du réseau. Les plus pertinents sont :

1. **Le degré :** le degré d'une région (noeud) représente le nombre de liens (connexions) arrivant et sortant de cette région :

$$K_i = \sum_{j \in \mathcal{N}} a_{ij}$$

Telle que :

- K_i représente le degré du noeud i.
- $a_{ij} = 1$ si les noeuds i et j sont connectés et 0 sinon.
- N représente l'ensemble des noeuds du réseau.

2. **La distance :** la distance représente la longueur du chemin le plus court entre deux noeuds i et j

$$d_{ij} = \sum_{a_{uv} \in (g_{i \to j})} a_{uv}$$

Telle que : $(g_{i \to j})$ représente la distance géodesique minimale entre les noeuds i et j. On note aussi que $d_{ij} = \infty$ si les noeuds i et j sont déconnectés.

3. **Le coefficient de clustering :** le coefficient de clustering C d'un noeud i représente le rapport entre le nombre de liens existants entre les voisins de ce noeud et le nombre de liens possibles entre eux. Un exemple éxplicative est donné dans la Figure 13.

Donc, pour calculer ces coefficients on utilise les matrices de corrélation (déjà calculées) qu'on considère comme la matrice d'adjacence qui caractérise le réseau, on la seuille de (0.1 à 0.9) avec un pas de 0.05 et on la binarise, puis, pour chaque seuil de corrélation on calcule l'indice clustering moyen, la distance minimale moyenne et le degré moyen du réseau pour obtenir des graphes représentatifs des indices en fonction du seuil de corrélation.

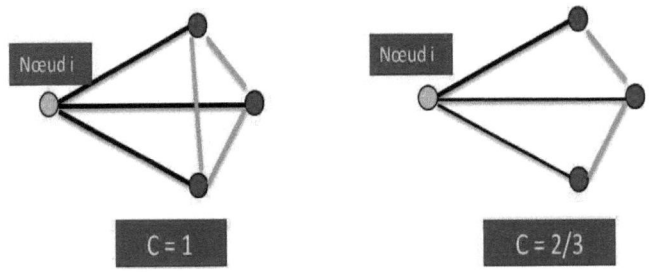

FIGURE 13 – Exemple de coefficient de clustering d'un noeud i.

5 Résultats

5.1 Etude 1 : l'effet du vieillissement normal sur les connectivités fonctionnelles au sein du RMD

5.1.1 Les régions d'intérêts

Le traitement des données d'IRMf des sujets jeunes et des sujets âgés (sains) simultanément par une analyse en composantes indépendantes spatiale nous a permis d'identifier différents réseaux fonctionnels cérébraux (RMD, moteur, visuel, auditif, salient, le dorsal attentionnel, le ventral attentionnel, langage...). Durant ce cette étude, nous nous sommes focalisé sur le RMD. Le masque des régions d'intérêts est représenté dans la Figure 14.

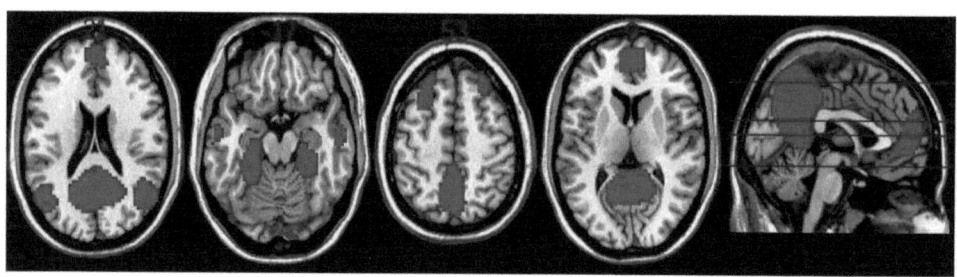

FIGURE 14 – Le masque des 10 régions d'intérêts en 3D du réseau du mode par défaut utilisé pour l'étude de l'effet du vieillissement normal sur les connectivités dans le RMD superposé sur un template de l'espace standard MNI. Ce masque a été obtenu par ACI spatiale sur l'ensemble des sujets jeunes et âgés.

5.1.2 Les systèmes (sous-réseaux)

Les quatre sous-réseaux ou systèmes (système frontal, système pariétal, système temporal et système hippocampique) sont représentés dans la Figure 15.

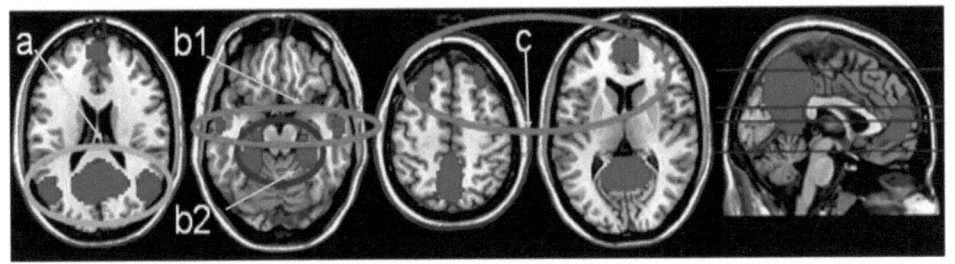

FIGURE 15 – Les quatre systèmes constituants le RMD ; a) le Système Pariétal ; b1) le Système Temporal ; b2) le Système Hippocampique ; c) le Système frontal..

5.1.3 Les matrices de corrélations

Les différents coefficients de corrélations de Pearson calculés entre les dix régions du réseau du mode par défaut (sur 1000 tirages) sont représentés par les coefficients de corrélations moyens. Ils sont représentés sous formes de matrices de taille 10x10, avec 10 = le nombre de régions. Ces matrices de corrélations sont symétriques, et la diagonale est toujours égale à 1 (il s'agit d'une auto-corrélation, c'est à dire, le coefficient de corrélation entre le décours temporel moyen d'une région avec elle-même). Les différentes matrices sont représentées dans la Figure 16.

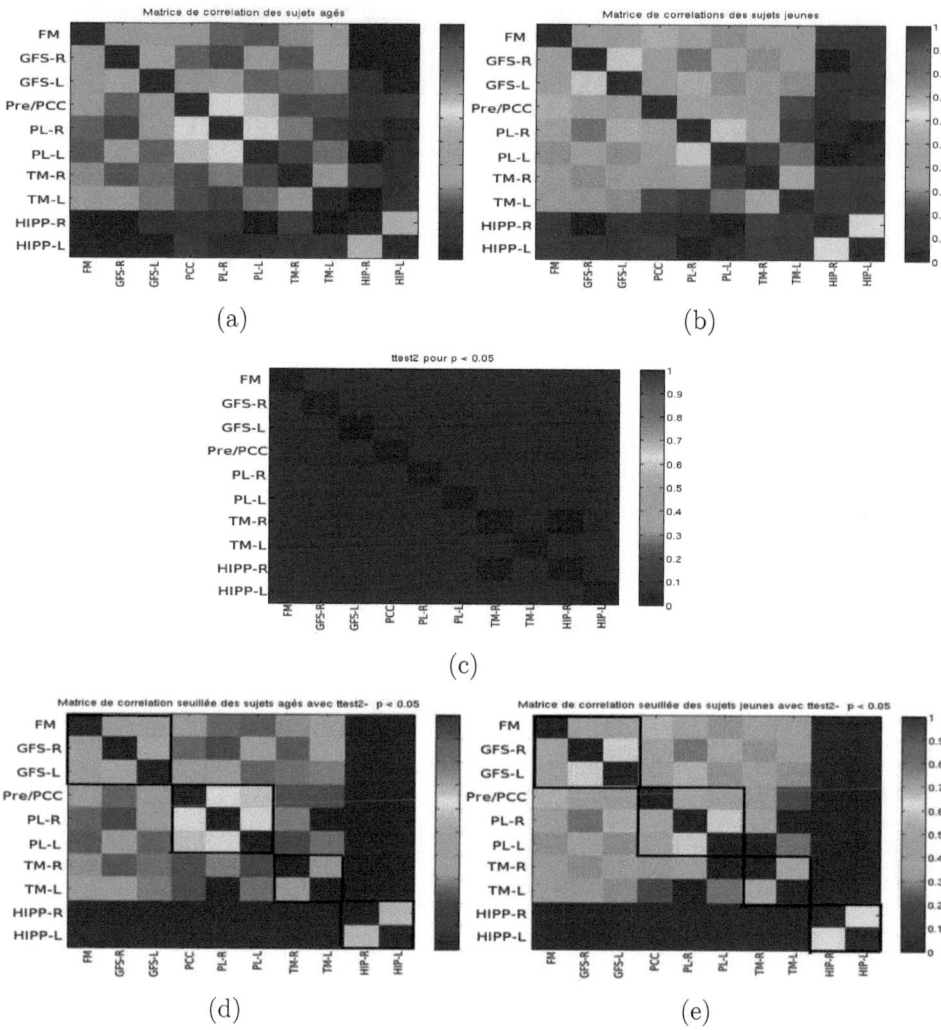

FIGURE 16 – Matrices de corrélation entre les décours temporels moyens des 10 régions d'intérêts : a)des sujets âgés ; b) des sujets jeunes ; c)après comparaison avec un $t-test$ ($p < 0.05$) ; d) des sujets âgés après seuillage (seuil=0.197) et $t-test$; e) des sujets jeunes après seuillage (seuil=0.197) et $t-test$.

5.1.4 Les matrices de probabilités

Les matrices de probabilités (âgés > jeunes) et (jeunes > âgés), calculées à partir des tirages des matrices de corrélations sont représentées dans la Figure 17.

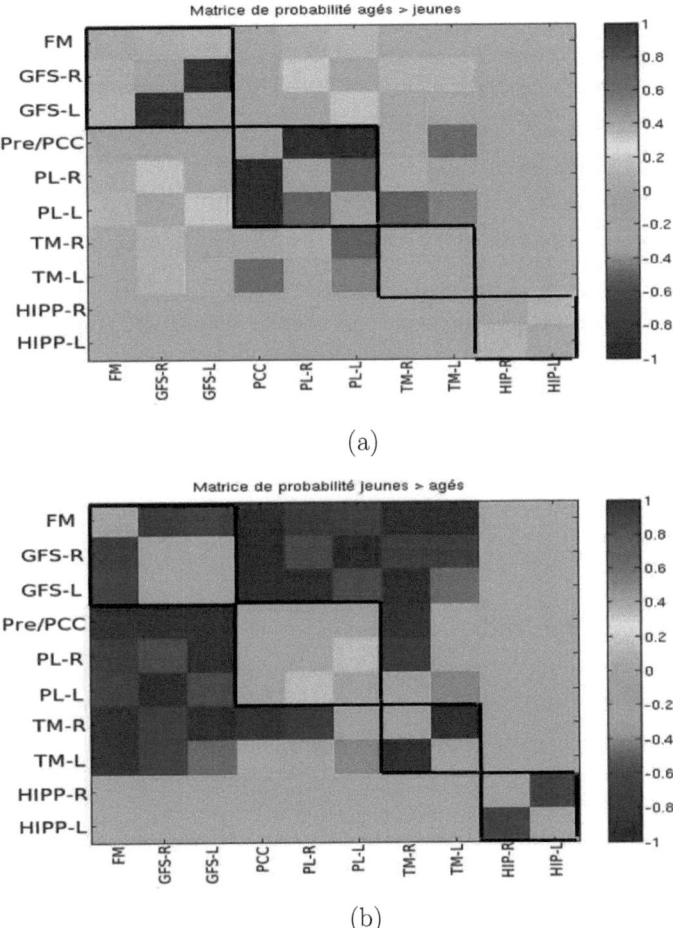

FIGURE 17 – Matrices des probabilités ; a) sujets âgés > sujets jeunes ; b) sujets jeunes > sujets âgés.

Les matrices de corrélations traitées et les matrices des probabilités révèlent que :

1. La plupart des régions du RMD corrèlent plus chez les sujets jeunes que chez les sujets âgés :
   - Corrélations plus importantes entre la région temporale droite et temporale gauche et entre l'hippocampe droit et l'hippocampe gauche chez les sujets jeunes comparés aux sujets âgés.
   - Augmentation des corrélations entre le PCC/Précuneus et les régions frontales (frontal médian et les deux gyrus frontaux supérieurs) chez les sujets jeunes comparés aux sujets âgés.
   - Augmentation des corrélations entre les régions temporales et le PCC/Précuneus et entre les régions pariétales latérales et les régions frontales.

2. Quelques régions du RMD corrèlent plus chez les sujets âgés comparés aux sujets jeunes :
   - Augmentation des corrélations entre les ragions du PCC/Précuneus (Prec/PCC) et les deux régions pariétales latérales (PL-L et PL-R).
   - Augmentation des corrélations entre cortex frontal médian et les deux gyrus frontaux supérieurs (FM, GFS-L et GFS-R) chez les sujets âgés comparés aux sujets jeunes.

3. Il n'est pas observé de corrélations significatives entre les hippocampes (gauche et droit) et le reste des régions du RMD dans les deux groupes (sujets âgés et sujets jeunes). Cependant, il existe une corrélation entre les deux côtés (plus importante chez les sujets jeunes que chez les sujets âgés).

5.2 L'intégration

5.2.1 L'intégration totale

Les intégrations totales des RMD chez les sujets jeunes et âgés calculées à partir de leurs matrices de corrélations respectives avec la valeur de l'évidence sont représentées dans la Figure 18.

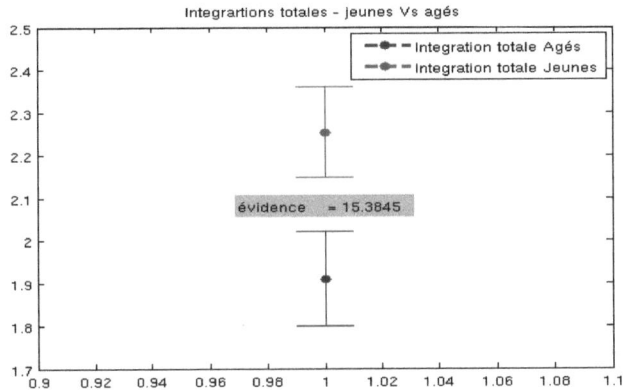

FIGURE 18 – Intégrations totales du RMD chez les sujets jeunes et les sujets âgés avec la valeur de l'évidence.

L'intégration totale du RMD chez les sujets jeunes est significativement plus élevée que chez les sujets âgés avec une valeur de l'évidence supérieure au seuil de significativité choisis (seuil = 10). Le RMD est donc plus intégré chez les sujets jeunes que chez les sujets âgés.

5.2.2 Les intégrations inter systemes/intra systemes

L'intégration totale du RMD pouvant s'écrire sous forme hiérarchique, la Figure 19 représente les valeurs des intégrations inter systemes totale $\sum I_{inter-systmes}$ et intra systèmes totales $\sum I_{intra-systmes}$, les valeurs des intégrations intra systemes des quatre sous-réseaux (frontal, pariétal, temporal et hippocampique) avec leurs valeurs de l'évidence, et enfin, l'intégration inter système Frontal/Pariétal (antéro-postérieure).

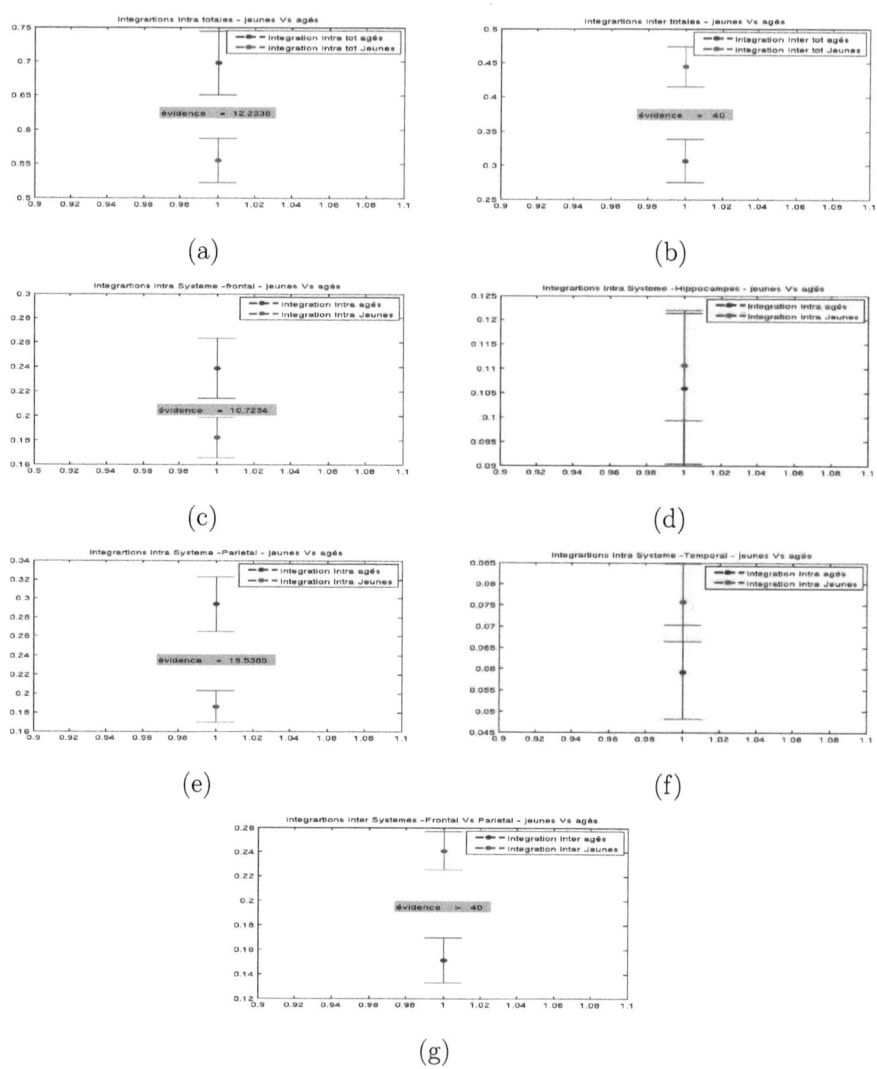

FIGURE 19 – a) l'intégration intra système totale du RMD chez les sujets jeunes et les sujets âgés; b) l'intégration inter système totale; c) l'intégration intra système Frontal; d) l'intégration intra système Hippocampique; e) l'intégration intra système Pariétal; f) l'intégration intra système Temporal; g) l'intégration inter système Frontal/Pariétal.

L'intégration inter système totale quantifiant l'ensemble des interactions entre nos quatre systèmes est significativement plus élevée (évidence > 40) chez les sujets jeunes que chez les sujets âgés, c'est-à-dire que les quatre sous-réseaux interagissent plus fortement entre eux chez les sujets jeunes que chez les sujets âgés. Cependant, l'intégration intra systèmes totale, qui elle, quantifie toute les interactions se trouvant dans les systèmes est significativement plus élevée chez les sujets âgés que chez les sujets jeunes. Cette augmentation est due en grande partie à l'augmentation des l'intégration intra du système *Frontal* et du système *Pariétal* chez les sujets âgés comparés aux sujets jeunes (Figure 19.c et 19.e).

Nous constatons aussi qu'il n'y a pas de différences significatives entre les intégrations intra des systèmes Temporal et Hippocampique entre les deux populations.

Enfin, nous avons observé une augmentation significative (évidence > 40) de l'intégration inter système Frontal/Pariétal, quantifiant l'ensemble des interactions antéropostérieurs du RMD chez les sujets jeunes comparés aux sujets âgés.

Donc, on peut résumer l'ensemble des résultats obtenus à partir des mesures de corrélations et d'intégrations par une diminution des interactions Fronto-Pariétales (antéropostérieures) associée à une augmentation des interactions intra systemes Pariétal et Frontal dans le RMD chez les sujets âgés comparés aux sujet jeunes.

5.3 Les indices de graphes

Les indices de graphes (coefficient de clustering, degré et distance) moyens du RMD chez les sujets jeunes et âgés sont représentés dans la Figure 20, en fonction des seuils de corrélations (de 0.1 à 0.9 avec un pas de 0.05).

Remarque : : pour le calcul des distances, nous avons choisis de pondérer les matrices de corrélation comme suit :

$$W_{ij} = 1 - r_{ij}$$

Avec r_{ij} coefficients des matrices de corrélation et W_{ij} les matrices d'adjacence utilisées pour le calcul des distances (plus le coefficient de corrélation est élevé, moins la distance est grande et vice versa).

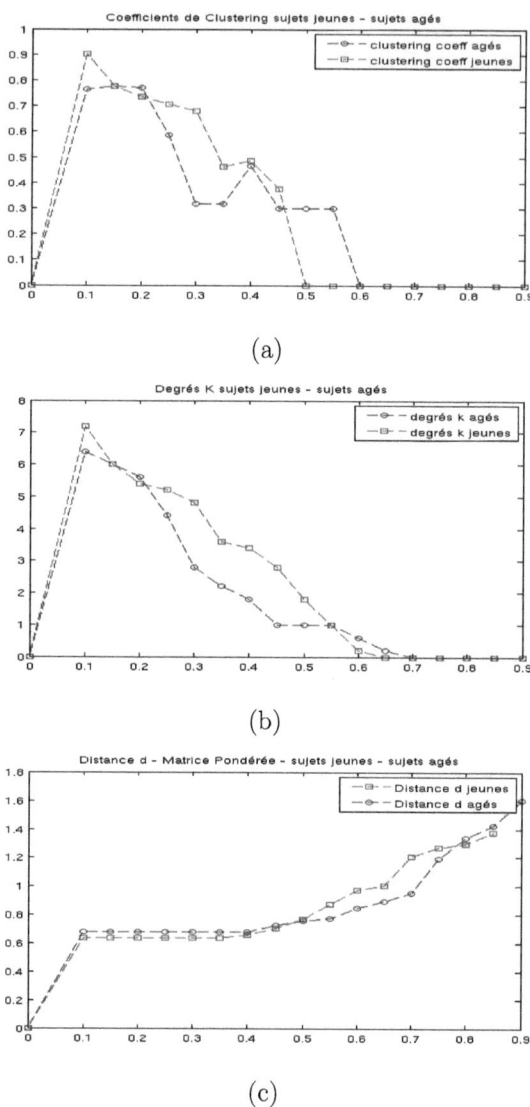

FIGURE 20 – a) coefficients de clustering moyens du RMD chez les sujets jeunes et les sujets âgés en fonction du seuil de corrélation ; b) degrés ; c) distances..

Les résultats concernant le coefficient de clustering moyen du RMD, montrent que le RMD est plus clusterisé chez les sujets jeunes que chez les sujets âgés, ce qui peut s'interpréter, en lui associant la mesure du degré, par une présence de liens (connexions) plus importante entre les noeuds du graphe (ou les régions) chez les sujets jeunes comparés aux sujets âgés jusqu'à un certain seuil de corrélation (s=0.55). Ensuite, la tendance s'inverse et nous remarquons que le coefficient de clustering est plus élevé chez les sujets âgés que chez les sujets jeunes, ce qui peut s'expliquer en faisant le lien avec les résultats de corrélations et d'intégrations, par les fortes interactions intra systemes Pariétal et Frontal. La mesure des distances moyennes ne révèle pas de différences significatives entre nos deux populations.

5.4 Etude 2 : l'effet de la maladie d'Alzheimer sur les connectivités fonctionnelles au sein du RMD

5.4.1 Les régions d'intérêts

Le traitement des données d'IRMf des patients atteints de la MA et des sujets âgés sains simultanément par une analyse en composantes indépendantes spatiale nous a permis d'identifier le RMD et de faire une sélection de régions d'intérêts (les mêmes régions que dans l'étude 1, mais avec des tailles différentes). Le masque des régions d'intérêts est représenté dans la Figure 21.

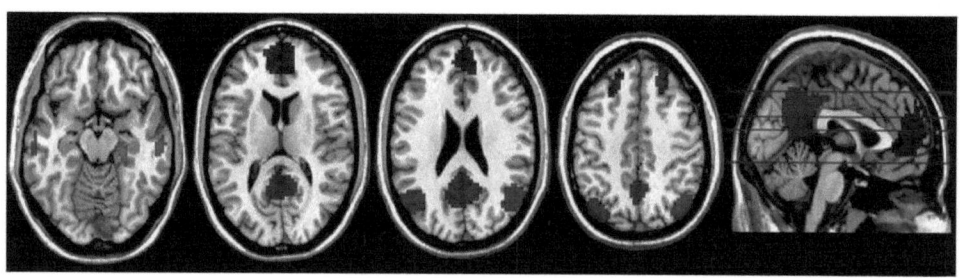

FIGURE 21 – Le masque des 10 régions d'intérêts en 3D du réseau du mode par défaut utilisé pour l'étude de l'effet de la maladie d'Alzheimer sur les connectivités dans le RMD superposé sur un template d'IRM de l'espace standard MNI. Ce masque a été obtenu par ACI spatiale sur l'ensemble des sujets âgés et des patients atteints de MA.

5.4.2 Les systèmes (sous-réseaux)

Les quatre sous-réseaux ou systèmes (système frontal, système pariétal, système temporal et système hippocampique) sont représentés dans la Figure 22.

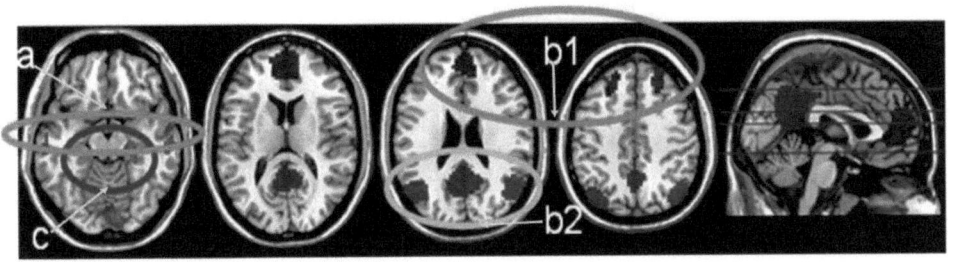

FIGURE 22 – Les quatre systèmes constituants le RMD ; a) le Système Pariétal ; b1) le Système Temporal ; b2) le Système Hippocampique ; c) le Système frontal..

5.4.3 Les matrices de corrélations

Avec la même méthode utilisée pour la première étude, les matrices de corrélation des sujets âgés sains et des sujets MA ont été calculées. Elles sont représentées dans la Figure 23.

5.4.4 Les matrices de probabilités

Les matrices de probabilités (MA > âgés) et (âgés > MA), calculées à partir des tirages des matrices de corrélations sont représentées dans la Figure 24.

Les matrices de corrélations traitées et les matrices des probabilités ont révélé que :

1. Toutes les régions constituant le RMD corrèlent plus entre elles chez les sujets âgés comparés aux sujets MA.

2. Il n'y a pas de corrélations significatives entre les hippocampes (gauche et droit) et le reste des régions du RMD dans les deux groupes (sujets âgés et sujets MA). Cependant, il existe une corrélation entre les hippocampes droit et gauche (plus importante chez les sujets âgés que chez les sujets MA).

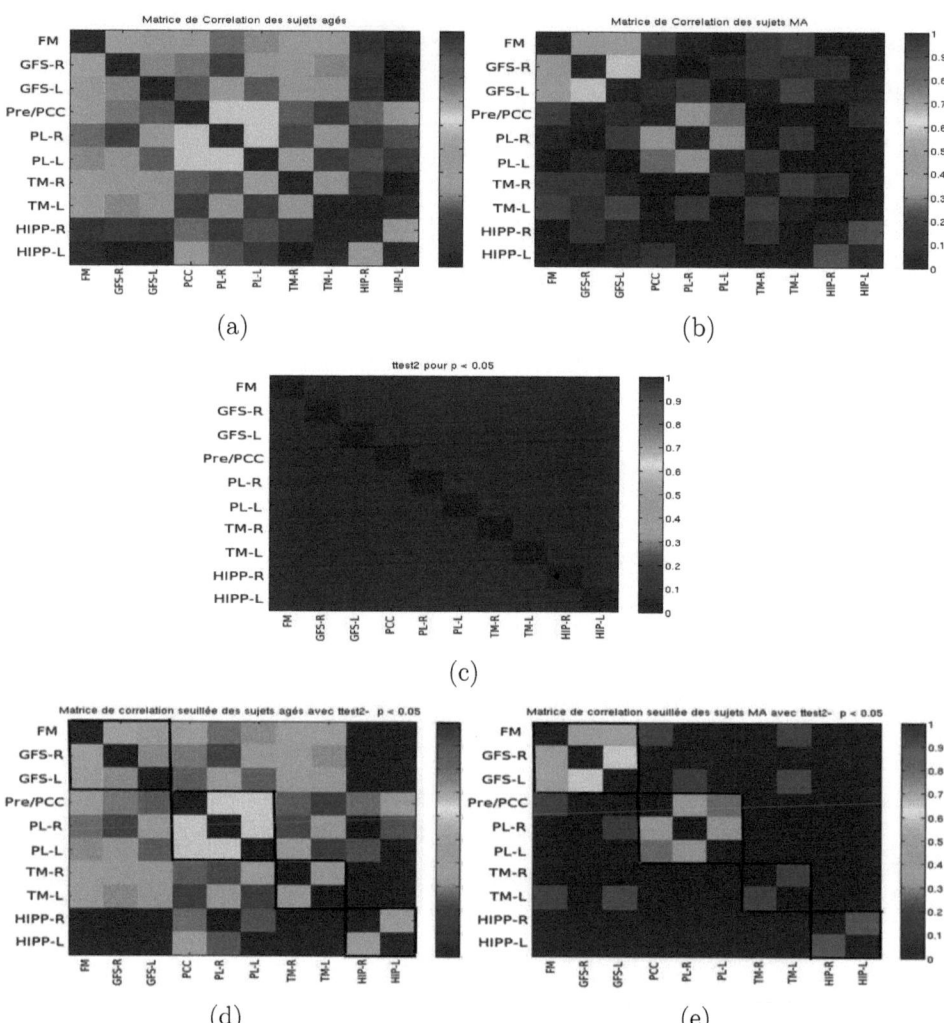

FIGURE 23 – Matrices de corrélations entre les décours temporels moyens des 10 régions d'intérêts. a) des sujets âgés ; b) des sujets MA ; c) après $t-test$ ($p < 0.05$) ; d) des sujets âgés après seuillage (seuil=0.197) et $t-test$; e) des sujets MA après seuillage (seuil=0.197) et $t-test$.

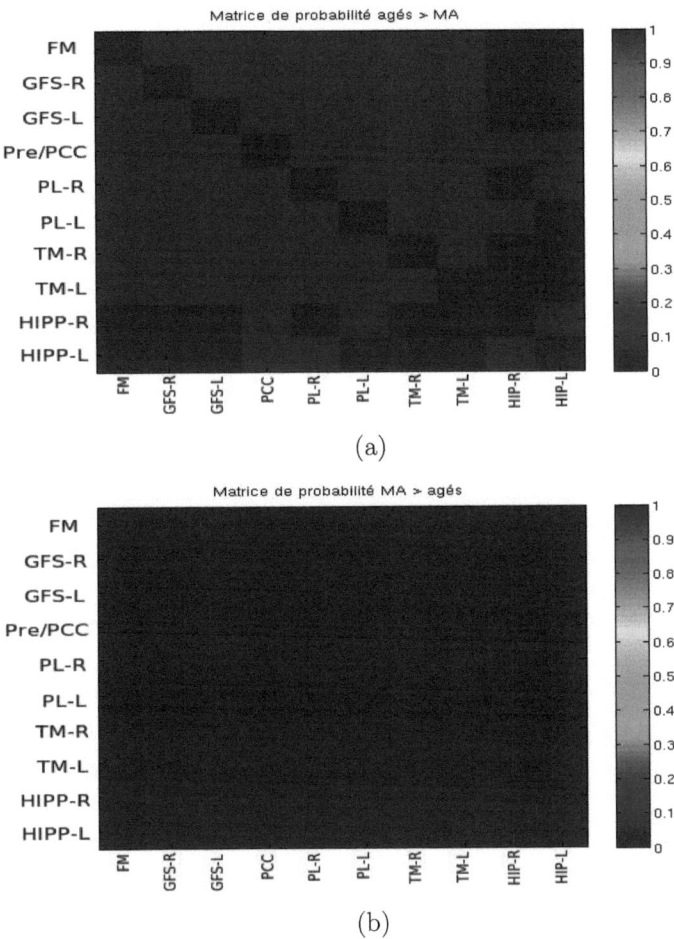

FIGURE 24 – Matrices des probabilités ; a) sujets âgés > sujets MA ; b) sujets MA > sujets âgés.

5.5 L'intégration

5.5.1 L'intégration totale

Les intégrations totales du RMD des sujets âgés et du RMD des sujets MA et la valeur de l'évidence sont représentées dans la Figure 25.

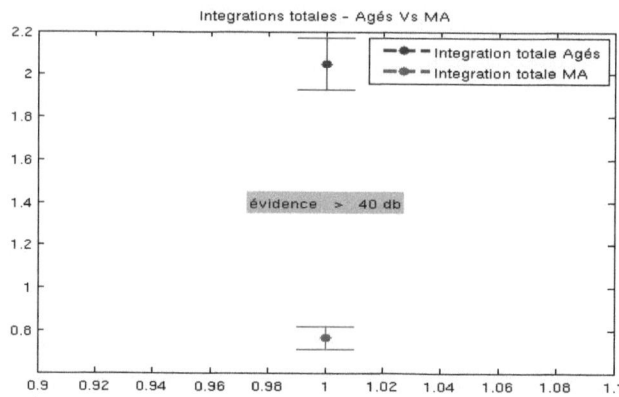

FIGURE 25 – L'intégration totale du RMD chez les sujets MA et chez les sujets âgés avec la valeur de l'évidence.

L'intégration totale du RMD chez les sujets âgés sains est significativement plus élevée que chez les sujets MA avec une valeur de l'évidence supérieure à 40 (seuil = 10), c'est-à-dire, avec une probabilité supérieure à 0.9999. Ainsi, on a pu quantifier la corrélation du RMD (à l'échelle du réseau) et constater que le RMD est significativement plus intégré chez les sujets âgés que chez les sujets MA.

5.5.2 Les intégrations inter systèmes/intra systèmes

La Figure 26 représente les valeurs des intégrations inter systèmes totales et intra systèmes totales, respectivement $\sum I_{inter-systmes}$ et $\sum I_{intra-systmes}$.

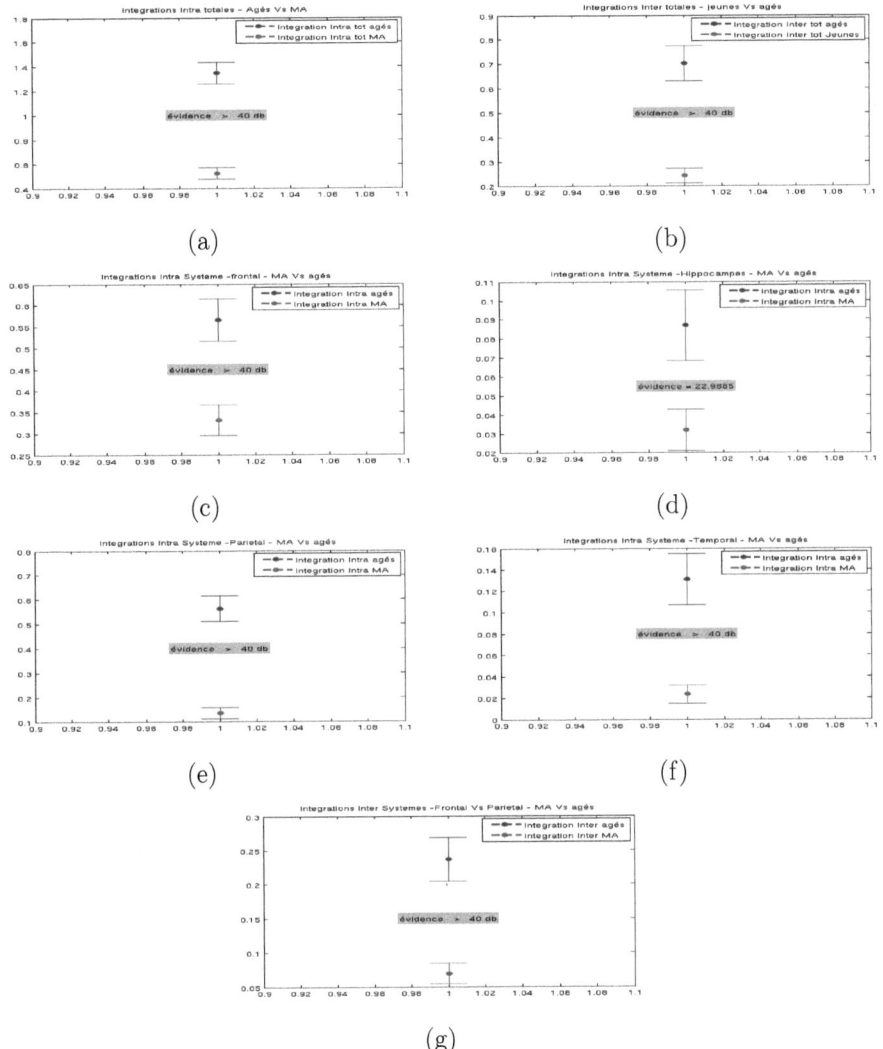

FIGURE 26 – a) l'intégration intra système totale du RMD chez les sujets MA et chez les sujets âgés ; b) l'intégration inter système totale ; c) l'intégration intra système Frontal ; d) l'intégration intra système Pariétal ; e) l'intégration intra système Temporal ; f) l'intégration intra système Hippocampique ; g) l'intégration inter système Frontal/Pariétal.

Ainsi que les valeurs des intégrations intra systèmes des quatre sous-réseaux (frontal, pariétal, temporal et hippocampique) avec leurs valeurs de l'évidence, et enfin, l'intégration inter système Frontal/Pariétal (antéropostérieur).

L'intégration inter système totale quantifiant l'ensemble des interactions entre nos quatre systèmes est significativement plus élevée (évidence > 40) chez les sujets âgés que chez les sujets MA, c'est-à-dire que les quatre sous-réseaux interagissent plus fortement entre eux chez les sujets âgés que chez les sujets MA. Aussi, l'intégration intra systèmes totale est significativement plus élevée chez le groupe des sujets âgés que chez le groupe des patients MA avec une valeur de l'évidence supérieure à 40.

Nous constatons aussi, une augmentation significative (évidence > 40) des intégrations intra des systèmes Frontal, Pariétal et Temporal chez les sujets âgés par rapport aux sujets MA. Une différence significative de l'intégration intra système Hippocampique a aussi été observée avec une valeur de l'évidence égale à 22.98.

Enfin, l'intégration inter système Frontal/Pariétal, quantifiant l'ensemble des interactions antéropostérieurs du RMD, est significativement augmentée (évidence > 40) chez les sujets âgés comparés aux sujets MA.

Donc, on peut résumer l'ensemble des résultats obtenus à partir des mesures de corrélations et d'intégrations par une diminution significative des interactions au sein du RMD, qui se traduit par une chute de l'intégration totale, ainsi que des intégrations inter et intra systèmes chez les sujets MA comparés aux sujet âgés.

5.5.3 Les intégration totales du RMD à l'échelle individuelle

Les intégrations totales des RMD calculées sujet à sujet (à l'échelle individuelle) sont représentées dans la Figure 27.

L'approche individuelle, consistant à calculer les intégrations totales du RMD sujet à sujet a révélé un regroupement de la majorité des valeurs des intégrations des sujets MA autours d'une valeur basse, contrairement à la majorité des sujets âgés, qui sont réunis autours d'une valeur assez haute par rapport à celle des MA (il existe un petit chevauchement des valeurs). Donc, on peut clairement différencier entre les patients MA et sujets âgés sains à travers leurs valeurs d'intégrations individuelles.

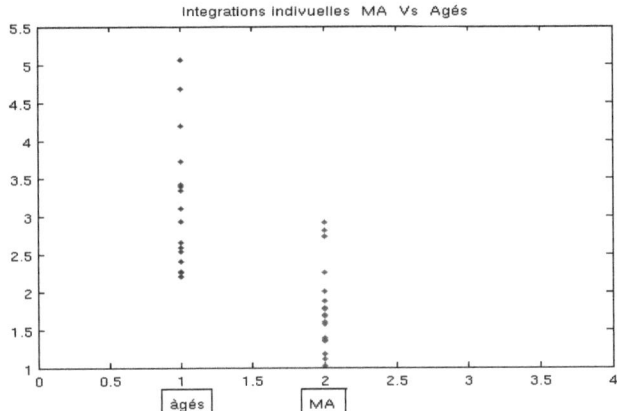

FIGURE 27 – Les valeurs des intégrations sujet à sujet pour le groupe des sujets MA et le groupe des sujets âgés.

5.6 Les indices de graphes

Les indices de graphes (coefficient de clustering, degré et distance) moyens du RMD chez les sujets âgés et MA sont représentés dans la Figure 28, en fonction des seuils de corrélations.

Les résultats concernant le coefficient de clustering moyen du RMD, montrent que le RMD est significativement plus clusterisé chez les sujets âgés que chez les sujets MA, ce qui peut s'interpréter, en lui associant la mesure du degré, par une présence de liens (connexions) beaucoup plus importante entre les noeuds du graphe (ou les régions) chez les sujets âgés comparés aux sujets MA.

Sachant que le degré représente le nombre de liens moyen de chaque région du RMD, nous remarquons que la valeur de cet indice est très faible chez les sujets MA et que ces liens disparaissent rapidement en augmentant le seuil de corrélation, contrairement au sujets âgés.

Dans un réseau, plus les noeuds sont connectés, moins la distance entre eux est

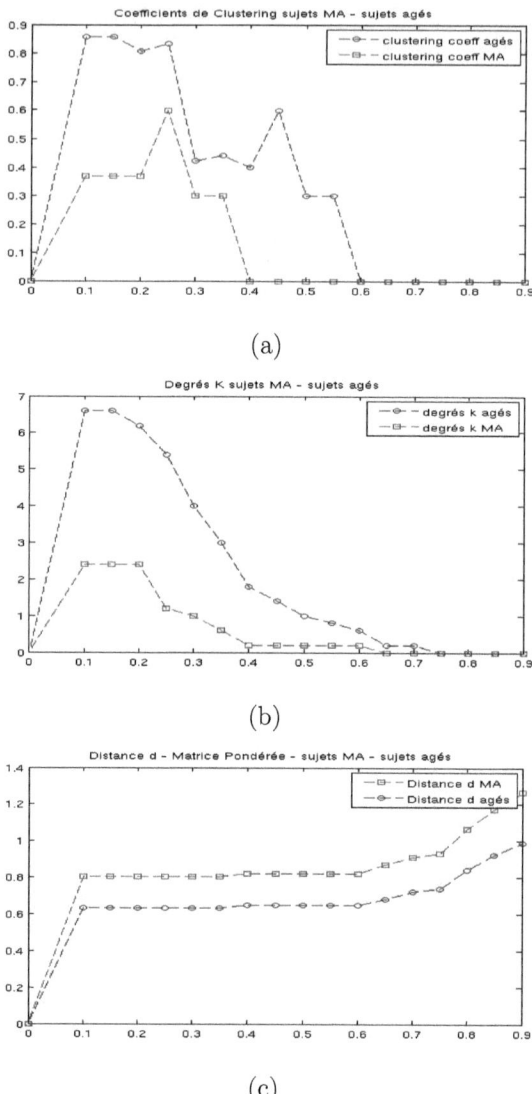

FIGURE 28 – a) coefficients de clustering moyens du RMD chez les sujets MA (rouge) et les sujets âgés (bleu) en fonction du seuil de corrélation ; b) degrés ; c) distances..

grande. La mesure des distances montre que les distances moyennes entre les régions du RMD sont plus grandes chez les sujets MA comparés au sujets âgés.

5.6.1 Les indices de graphes au niveau de la région du PCC/Précuneus

Les indices de graphe calculés à l'échelle de la région du PCC/Précuneus sont représentés dans la Figure 29.

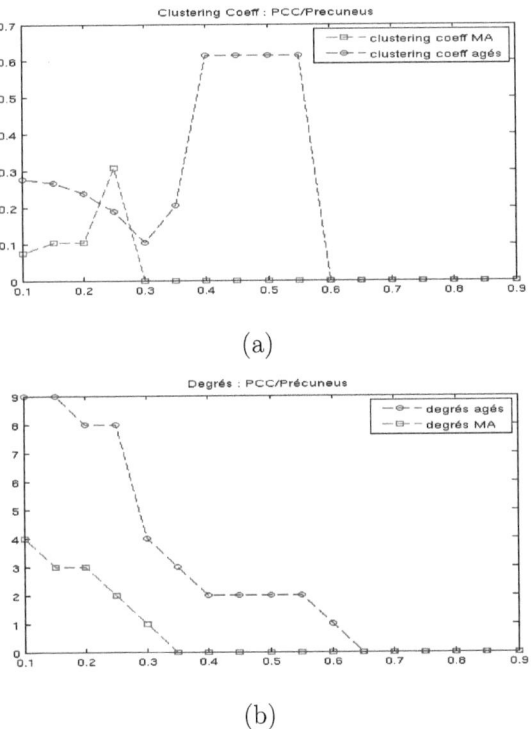

FIGURE 29 – a) coefficients de clustering PCC/Précuneus chez les sujets MA et chez les sujets âgés en fonction du seuil de corrélation ; b) degrés.

Des différences significatives de clustering et de degré ont été observées au niveau de la région du PCC/Précuneus. Ces résultats montrent qu'il y a très peu de connexions sortantes et entrantes dans cette région et que les régions voisines du PCC/Précuneus sont très peu connectées entre elles chez les sujets MA comparés aux sujets âgés. Il existe donc une baisse significative de la connectivité fonctionnelle au niveau du PCC/Précuneus chez les patients MA.

6 Discussion

6.1 Méthode

L'objectif de ce travail était l'étude des connectivités fonctionnelles en IRMf au repos dans le vieillissement normal et la maladie d'Alzheimer. Nous nous somme focalisé uniquement sur l'étude du RMD car les régions qui le composent sont atteintes précocement dans la MA.

Le RMD a été identifié à l'échelle du groupe en utilisant une méthode d'analyse en composantes indépendantes spatiales. Les régions d'intérêts ont été sélectionnées en traitant les deux groupes simultanément (le groupe des sujets jeunes avec le groupe des sujets âgés sains pour la première étude et le groupe des patients MA avec le groupe des sujets âgés sains pour la deuxième étude). Enfin, la connectivité fonctionnelle a été quantifiée en utilisant deux approches : l'intégration hiérarchique et la théorie des graphes.

6.1.1 Choix des prétraitements

Un certain nombre de prétraitements des données d'IRMf s'avère être nécessaire pour mener à bien cette étude. Ces prétraitements sont presque tous standards, comme la correction du décalage temporel d'acquisition entre les coupes, la correction des mouvements rigides par réalignement et enfin un lissage spatial des données d'IRMf. Les différents prétraitements ont été réalisés avec le logiciel SPM8.

6.1.2 L'analyse en composantes indépendantes et régions d'intérêts

Concernant la méthode utilisée pour l'identification des réseaux fonctionnels à large échelle, le choix s'est porté sur l'analyse en composantes indépendantes spatiales pour différentes raisons. L'ACI exploite les propriétés d'autocorrélations spatio-temporelles des données d'IRMf et est une méthode complètement guidée par les données, et donc, présente l'avantage de ne pas nécessiter de connaissances a priori sur les données (Perlbarg et Marrelec, 2008). Ainsi, cette approche permet de traiter des données acquises dans un état dit *mal contrôlé* (repos ou sommeil), comme a été le cas des données d'IRMf utilisées dans ce travail de recherche, acquises au repos.

De plus, c'est une approche privilégiée pour les études de groupes car elle n'a besoin d'aucun a priori spatial ou temporel sur les composantes et permet l'identification de processus fonctionnels bien structurés spatialement et temporellement.

6.1.3 Intégration et corrélation

L'étude de la connectivité fonctionnelle en IRMf nous permet de mesurer de façon indirecte l'activité neuronale moyenne et est définie comme étant la corrélation inter-régionale entre les fluctuations basses fréquences du signal BOLD (Friston, 1994). L'intégration présente l'avantage d'être représentée sous forme hiérarchique, pouvant être décomposée en somme d'intégrations intra systèmes et d'intégrations inter systèmes dans le but de quantifier la contribution de chaque système dans l'intégration totale du RMD. L'intégration peut alors quantifier de façon pertinente les corrélations entre les différents décours temporels moyens des régions d'intérêts par une unique valeur représentant l'ensemble des interactions existantes, tant à l'échelle du réseau qu'à l'échelle des systèmes (sous-réseaux).

6.1.4 Théorie des graphes

Un réseau fonctionnel peut être modélisé par un graphe, un ensemble de noeuds et de liens reliant ces noeuds. Les noeuds du réseau représentent chacun une unité fonctionnelle ou cérébrale (région). En IRMf, le lien reliant deux noeuds est, quant à lui, une mesure de connectivité fonctionnelle.

Les indices découlant de la théorie des graphes (clustering, degré et distance) présentent l'intérêt de permettre une analyse assez robuste du RMD, la caractérisation de la connectivité fonctionnelle ainsi que la quantification des interactions à l'échelle locale (au niveau des régions) et à l'échelle globale (au niveau de tout le RMD).

6.2 Résultats

6.2.1 Le vieillissement normal

Nous avons observé une modification de la connectivité fonctionnelle au repos du RMD avec l'âge tant d'un point de vue global, avec une diminution de l'intégration totale, traduisant une baisse des interactions à l'échelle du réseau, que régional, avec des diminutions des intégrations inter systèmes. Ces diminutions d'intégrations (globale et inter systèmes) chez les sujets âgés sont accompagnées d'une augmentation des interactions intra systèmes Pariétal et Frontal.

La diminution de l'intégration inter systèmes Pariétal/Frontal (antéroposterieur), se traduit essentiellement par la baisse des interactions entre les régions pariétales du PCC/Précuneus et la région du cortex frontal médian, en d'autres termes, une diminution de la connectivité fonctionnelle le long de l'axe antéropostérieur du RMD (ou du cerveau). Ceci suggère que les diminutions des performances cognitives en termes de mémoire, de vitesse de traitement de l'information et des fonctions exécutives (Grady et al. 2009), liées à l'âge, seraient en partie dues à une diminution de la connectivité fonctionnelle antéropostérieure ou fronto-pariétale. Et donc, il existerait une altération de la connectivité anatomique sur ce même axe rapportée par Andrews-Hanna et coll. (2010) grâce à une étude d'imagerie de tenseur de diffusion (IDT). Une perturbation de la diffusion de l'eau le long des faisceaux de substance blanche a été observée de long de l'axe antéropostérieur du RMD. Ainsi, nos résultats obtenus concernant la diminution de la connectivité fonctionnelle antéropostérieur du RMD sont en concordance avec cette étude menée en IDT.

Par ailleurs, une augmentation des intégrations intra systèmes du système Pariétal et du système Frontal a été observée chez les sujets âgés comparés aux sujets jeunes, traduisant ainsi, des interactions plus fortes entre le PCC/Précuneus et les deux régions du cortex pariétal latéral d'une part, et une forte connectivité fonctionnelle entre la région du cortex frontal médian et les deux gyrus frontaux bilatéraux supérieurs d'autre part. Ce qui suggérerait qu'avec l'âge, un système de compensation de la perturbation des connectivités fonctionnelles antéropostérieurs est mis en place par ce qu'on pourrait appeler *la réserve cognitive*.

La réserve cognitive est définie comme étant la capacité à optimiser les performances de quelques régions cérébrales en faisant augmenter leurs interactions avec d'autres régions, c'est-à-dire, l'utilisation de stratégies cognitives alternatives pour compenser d'autres interactions perturbée (Qi et al. 2010). Ce qui serait le cas des régions constituant le système frontal (frontal médian et les gyrus frontaux bilatéraux supérieurs) d'une part, et des régions constituant le système pariétal (PCC/Précuneus et les régions bilatérales du cortex pariétal latéral) d'autre part.

6.2.2 La maladie d'Alzheimer

Nous avons observé grâce aux études d'intégrations, de corrélations et de graphe, une nette perturbation des connectivités fonctionnelles du RMD au repos chez les patients atteints de MA. L'intégration totale du RMD semble être très diminuée de façon globale chez les patients MA par rapport aux sujets âgés sains.

De plus les intégrations inter et intra systemes étaient toutes significativement diminuées chez les patients MA comparativement aux sujets âgés sains. Au niveau des régions, il apparait aussi que les interactions antéropostérieurs (fronto-pariétales) soient très faibles, voire même interrompues (avec des valeurs de corrélations inter-régionales en dessous du seuil de significativité). Contrairement à ce qu'il a été rapporté dans le paragraphe précédent concernant le vieillissement normal, aucun système de compensation n'aurait été mis en place chez les sujets MA. Ainsi, il apparait que les patients atteints de la MA n'auraient plus cette capacité de ń réserve cognitive ż qui leur permettrait de compenser la grande diminution de la connectivité fonctionnelle antéropostérieur. Plus précisément, la région du PCC/Précuneus considérée comme le hub du RMD et qui maintiendrait chez les sujets sains un niveau d'activité quasi-constant de par son rôle cognitif et l'importance des connexions qu'elle gère (Buckner et al. 2009), serait très atteinte dans la maladie d'Alzheimer, ce qui a pu être vérifié grâce à la mesure des indices de graphes au niveau de cette région, montrant un clustering très faible et un degré (nombre de connexions) très bas.

De plus, nos résultats au niveau de la région du PCC/Précuneus sont en concordance avec les études réalisées en tomographie par émission de positons (TEP-FDG) (Desgranges et al. 1998 ; Mosconi. 2005) qui ont rapporté une baisse du métabolisme du glucose, ainsi qu'une déposition de protéines amyloides au niveau de cette région (Wong et al. 2010).

Les mesures d'intégration totale du RMD que nous avons réalisées à l'échelle individuelle (sujet à sujet) ont montré des résultats encourageants. Des différences significatives ont été observées entre les sujets âgés sains et les patients atteints de la MA, ce qui pourrait suggérer l'utilisation de l'intégration comme un bio-marqueur pour la caractérisation et le diagnostic de la maladie d'Alzheimer. De plus, le coefficient de clustering et le degré (théorie des graphes) calculés au niveau de la région du PCC/Précuneus ont permis de différencier clairement les patients MA des sujets âgés sains, et donc, pourraient aussi être des bio-marqueurs potentiels de la MA.

6.2.3 La connectivité fonctionnelle des Hippocampes

Les hippocampes sont connus pour être des régions très atteintes dans la maladie d'Alzheimer. Les résultats obtenus révèlent une diminution des interactions entre les deux hippocampes (gauche et droit) chez les sujets âgés comparés aux sujets jeunes, et des interactions très faibles (à la limite du seuil de significativité des corrélations) chez les sujets MA comparés au sujets âgés. Cependant, aucune corrélation significative des hippocampes et les autres régions du RMD n'a été observée chez tous les groupes de sujets. Deux hypothèses sont émises quant à l'étude des connectivités fonctionnelles des hippocampes en IRMf.

La première (Koch et al. 2010) : stipule que la taille des hippocampes étant très petite (comparée aux 8 autres régions), il serait possible qu'il y'ait d'importantes variabilités de localisation de ces régions d'un sujet à l'autre. Donc, le masque de régions d'intérêts défini à l'échelle du groupe pourrait ne pas être adéquat et nous induire en erreur dans l'étude des connectivités fonctionnelle des hippocampes.

Afin de vérifier cette première hypothèse, nous avons utilisé une approche consistant à garder les 8 régions d'intérêts de groupe (en excluant les hippocampes) définis à partir de l'ACI spatiale et à définir les régions d'intérêts des hippocampes à partir des données d'IRM anatomique des sujets (sujet à sujet). Une parcellisation automatique du cerveau de chaque sujet à été réalisée à l'aide du logiciel FREESURFER afin d'extraire les régions correspondantes aux hippocampes. Les masques des hippocampes extraits ont été normalisés dans l'espace standard MNI. Un ré-échantillonnage de ces masques par rapport aux données fonctionnelles de chaque sujet a été réalisé afin d'extraire les signaux d'intérêts correspondant aux hippocampes. Enfin, les signaux d'intérêts ont été concaténés et les calculs des coefficients de corrélation de Pearson refait. Les résultats de cette approche n'ont montré aucune différence entre les nouvelles matrices de corrélation et les matrices de corrélation calculées en utilisant le masque du groupe.

La seconde hypothèse (Greicius et al. 2004) stipule que l'activité des hippocampes est dépendante du type d'équipement utilisé. Dans cette étude, Greicius et ses collaborateurs ont comparé l'activité des hippocampes sur des données d'IRMf acquises avec des machines à 3 Teslas et à 1.5 Teslas. Une activité des hippocampes a été observée sur les données provenant de la machine à 1.5 Teslas, alors qu'aucune activité n'a été constatée sur les données de la machine à 3 Teslas. Ce résultat suggère la présence d'artéfacts à haut champ (3 Teslas) qui seraient localisés dans la région des hippocampes, ne permettant pas ainsi la détection de leurs activités.

7 Conclusion

L'objectif de cette recherche était de développer une méthodologie pour l'étude des connectivités fonctionnelles en IRMf au repos dans le vieillissement normal et dans la maladie d'Alzheimer.

Les méthodes présentées dans cette étude s'articulent autour de trois questions essentielles :

1. Comment définir des réseaux de régions cérébrales connectées fonctionnellement ?
2. Quel réseau cérébral choisir ?
3. Comment quantifier les connectivités fonctionnelles au sein de ce réseau afin d'étudier les différences de connectivité entre les différents groupes ?

En ce qui concerne la première question, le choix de l'analyse en composantes indépendantes spatiales (ACI) semblait approprié car cette approche permet le traitement des données d'IRMf acquises au repos. De plus, c'est une méthode complètement guidée par les données ne nécessitant donc aucune connaissance a priori sur les données.

Concernant le réseau cérébral à étudier, je me suis focalisé sur le réseau du mode par défaut (RMD) car les régions cérébrales qui le constituent sont atteintes de façon précoce dans la maladie d'Alzheimer.

Enfin, pour quantifier la connectivité fonctionnelle du RMD afin d'étudier les différences entre les groupes, j'ai utilisé des mesures de corrélations et d'intégrations, ainsi que la théorie des graphes.

Cette approche méthodologique a permis d'observer des différences significatives entre les différents groupes d'étude. Les résultats obtenus pour l'étude du vieillissement normal révèlent une augmentation de l'intégration totale du RMD chez les sujets jeunes en comparaison avec les sujets âgés. Nous avons également observé une diminution des connectivités fonctionnelles le long de l'axe antéropostérieur du RMD, accompagnée d'une augmentation des interactions intra systèmes du système Pariétal et du système Frontal avec l'âge. Ces augmentations des interactions intra systèmes pourraient être interprétées par une mise en place d'un système de compensation chez les sujets âgés sains grâce à leur réserve cognitive, afin de compenser la diminution des interactions antéropostérieures.

Dans la seconde étude qui concernait l'effet de la MA sur les connectivités fonctionnelles au sein du RMD, nous avons observé une baisse significatives de toute les interactions chez les patients atteints de MA comparés au sujets âgés sains, notamment dans la région du PCC/Précuneus. Aucun système de compensation ne semblerait être mis en place, ce qui suggérerait la disparition de la réserve cognitive dans la MA.

Perspectives

Les mesures de l'intégration totale du RMD à l'échelle individuelle et des indices de graphes à l'échelle de la région du PCC/Précuneus ont révélé des résultats encourageants, ce qui pourrait faire envisager leur utilisation comme bio-marqueurs de la MA et la conception d'une méthode de classification automatique basée sur ces mesures, permettant de diagnostiquer la MA.

Le but étant aussi de faire un diagnostic précoce de la MA, la méthodologie présentée dans cet ouvrage et appliquée sur des populations de sujets jeunes sains, de sujets âgés sains et de patients MA pourrait être appliquée sur des populations de sujets MCI (Mild Cognitive Impairement). Les sujets MCI présentent un état cognitif plus déficitaire que celui attendu pour l'âge, mais cependant pas suffisamment sévère pour s'intégrer dans le cadre des démences. Donc, le concept de MCI présente l'intérêt de fournir un cadre pour l'identification et le suivi des patients présentant un déficit cognitif léger et ouvre ainsi la question du diagnostic précoce de la maladie d'Alzheimer.

Références

[1] K. J. Friston, P. Jezzard et P. Turner : Analysis of functional MRI time series. Human Brain Mapping, 1 :153-171, 1994.

[2] N. K. Logothesis, J. Pauls, M. Augath, T. Trinath et A. Oeltermann : Neurophysiological investigation of the basis of the MRI signal. Nature, 412 :150-157, 2001.

[3] R. B. Buxton, E. C. Wang et L. R. Franck : Dynamics of blood flow ad oxygen changes during brain activation : the balloon model. Magetic Resonance in Medecine, 39 :855-864, 1998.

[4] K. Brodmann : Vergleichende Lokacalisationslehre der Grosshirnrinde in ihren Prinzipien dargestellt auf Grund des Zellenbaues. Barth, Leipzig, Germany, 1909.

[5] D. A. Gusnard et M. E. Raichle : Searching for a baseline : functional imaging and the resting state human brain. Nature Reviews Neuroscience, 2 :685-694, 2001.

[6] D. Cordes, V. M. Haugthon et J. D. Carew : Frequencies contributing to functional connectivity in the cerebral cortex in resting state data. American Journal of Neuroradiology, 22 :1326-1333, 2001.

[7] M. D. Grecius, K. Supekar et V. Menon : Resting state functional connectivity reflects structural connectivity in the default mode network. Cereb Cortex, 19 :72-80, 2009.

[8] F. Schneider, F. Bermpohl, A. Heinzel et M. Walter : The resting state and our self-self relatedness modulates resting state neural activity in cortical midline structures. Neuroscience, 157 :120-131, 2008.

[9] R. L. Buckner, J. R. Hanna-Andrews et D. L. Schacter : The brain's default network : anatomy, function and relevance to disease. Ann NY Acad Sciences, 1124 :1-38, 2008.

[10] F. Esposito, A. Aragri, I. Pesaresi et E. Marciano : Indepedent component model of the default mode brain function : combining individual level and population analysis in resting state fMRI. Magnetic Resonance Imaging, 26 :905-913, 2008.

[11] M. D. Grecius, G. Srivastava, A. L. Reiss et V. Menon : Default-mode network avtivity distinguishes Alzheimer's disease from healthy aging : evidence from functional MRI. Cereb Cortex, 101 :4367- 42, 2004.

[12] G. McKhann, D. Drachman, M. Folstein, R. Katzman, D. Price,E. M. Stadlan : Clinical diagnosis of Alzheimer's disease : report of the NINCDS-ADRDA Work Group under the auspices of Department of Health and Human Services Task Force on Alzheimer's Disease. Neurology 34 : 939-44, 1984.

[13] R. Linsker : Self-organization in a perceptual network. IEEE Computer, 21 :105-117, 1998.

[14] G. Marrelec, P. Bellec, A. Krainik, H. Duffau, M. Pélégrini-Issac, S. Lahéricy, H. Benali : Regions, systems, and the brain : hirarchical measures of functional integration in fMRI. Medical Image Analysis, 12 :484-496, 2008.

[15] G. Marrelec, A. Krainik, H. Duffau, M. Pélégrini-Issac, S. Lahéricy, J. Doyon, H. Benali : Partial correlation for functional brain interactivity investigation in functional MRI. Neuroimage, 32 :228-237, 2006.

[16] O. Sporns, D. R. Chialvo, M. Kaizer et M. Hilgetag : Organization, development and function of complex brain networks. Trends in Cognitive Sciences, 8 :418-425, 2004.

[17] V. Perlbarg et G. Marrelec : Contribution of exploratory methods to the investigation of extended large-scale brain networks in functional MRI : methodologies, results, and challenges. Biomedical Image, 2008.

[18] V. Perlbarg, G. Marrelec, J. Doyon, M. Pélégrini-Issac, M. Lahéricy, H. Benali : NEDICA : detection of group functional networks in fMRI using spatial independent component analysis. IEEE, 5 :1247-1250, 2008.

[19] K. J. Friston, P. Jezzard et P. Turner : Analysis of functional MRI time series. Human Brain Mapping, 1 :153-171, 1994.

[20] C. L. Grady, A. B. Protzner, N. Kovacevict et al : A multivariate analysis of age-related defferences in default mode and task-positive networks across multiple cognitive domains. Cereb Cortex, 0 :bhp207v1-bhp207, 2009.

[21] J. R. Andrews-Hanna, J. S. Reidler, J. Sepulcre et R. Poulin : Functional-anatomic fractionation of the brain's default network. Neuron, 65 :550-562, 2010.

[22] Z. Qi, X. Wu, Z. Wang, N. Zhang et al : Impairement and compensation coexist in amnestic MCI default mode network. Neuroimage, 50 :48-55, 2010.

[23] R. L. Buckner, D. L. Schacter, J. Seplucre et T. Hedden : Cortical hubs revealed by intrinsic functional connectivity : mapping, assessement of stability, and relation to Alzheimer's disease. Neuroscience, 29 :1860-1873, 2009.

[24] B. Desgranges, J.C. Baron, V. De Lassayette et M.C. Petit-Taboue : The neural substrates of memory systems impairement in Alzheimer's disease. A PET study of resting brain glucose utilization. Brain, 121 :611-631, 1998.

[25] L. Mosconi : Brain glucose metabolism in the early and specific diagnosis of Alzheimer's disease. FDG-TEP studies in MCI and AD. Nucl. Med. Mol Imaging, 32 :486-510, 2005.

[26] F. Wong, B. Rosenberg, Y. Zhou, A. Kumar, V. Raymont, T. Ravert et M. J. Pontecorvo : In vivo Imaging of Amyloid depositionin Alzheimer Disease using the radioligand F18-AV-45. Journal of Nuclear Medecine, 51 :6913-6920, 2010.

[27] W. Koch, S. Teipel, S. Mueller, K. Buerger, A. Bokde, H. Hampel, et T. Meindl : Effects of aging on default mode network activity in resting state fMRI : Does the method of analysis matter ?. Neuroimage, 51 :280-287, 2010.

Oui, je veux morebooks!

i want morebooks!

Buy your books fast and straightforward online - at one of world's fastest growing online book stores! Environmentally sound due to Print-on-Demand technologies.

Buy your books online at
www.get-morebooks.com

Achetez vos livres en ligne, vite et bien, sur l'une des librairies en ligne les plus performantes au monde!
En protégeant nos ressources et notre environnement grâce à l'impression à la demande.

La librairie en ligne pour acheter plus vite
www.morebooks.fr

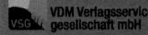

VDM Verlagsservicegesellschaft mbH
Heinrich-Böcking-Str. 6-8
D - 66121 Saarbrücken

Telefon: +49 681 3720 174
Telefax: +49 681 3720 1749

info@vdm-vsg.de
www.vdm-vsg.de

Printed by Books on Demand GmbH, Norderstedt / Germany